WERKSTATTBÜCHER

FÜR BETRIEBSANGESTELLTE, KONSTRUKTEURE UND FACHARBEITER. HERAUSGEGEBEN VON DR.-ING. H. HAAKE, HAMBURG

Jedes Heft 50—70 Seiten stark, mit zahlreichen Textabbildungen

Die Werkstattbücher behandeln das Gesamtgebiet der Werkstattstechnik in kurzen selbständigen Einzeldarstellungen; anerkannte Fachleute und tüchtige Praktiker bieten hier das Beste aus ihrem Arbeitsfeld, um ihre Fachgenossen schnell und gründlich in die Betriebspraxis einzuführen.

Die Werkstattbücher stehen wissenschaftlich und betriebstechnisch auf der Höhe, sind dabei aber im besten Sinne gemeinverständlich, so daß alle im Betrieb und auch im Büro Tätigen, vom vorwärtsstrebenden Facharbeiter bis zum leitenden Ingenieur, Nutzen aus ihnen ziehen können.

Indem die Sammlung so den Einzelnen zu fördern sucht, wird sie dem Betrieb als Ganzen nutzen und damit auch der deutschen technsichen Arbeit im Wettbewerb der Völker.

Einteilung der bisher erschienenen Hefte nach Fachgebieten

(Fortsetzung 3. Umschlagseite)

WERKSTATTBÜCHER

FÜR BETRIEBSANGESTELLTE, KONSTRUKTEURE UND FACH-
ARBEITER. HERAUSGEBER DR.-ING. H. HAAKE, HAMBURG

HEFT 109

Hitzehärtbare Kunststoffe
(Duroplaste)

Von

Dr. Andreas Nielsen †
Hamburg

Mit 123 Abbildungen

Springer-Verlag
Berlin/Göttingen/Heidelberg
1952

ISBN-13: 978-3-540-01668-7   e-ISBN-13: 978-3-642-99839-3

DOI: 10.1007/978-3-642-99839-3

Inhaltsverzeichnis.

Vorwort.

Das vorliegende Werkstattbuch beschränkt sich auf die hitzehärtbaren Kunststoffe (Duroplaste, in Amerika Thermosetting Plastics genannt). Unter Vermeidung
von Formeln wird die Chemie der Herstellung soweit dargestellt, daß die Entstehung
der Kunststoffe bis auf die Grundstoffe zurückverfolgt werden kann. Von einem
Schrifttumverzeichnis, das den Rahmen dieses kleinen Buches sprengen würde,
wurde abgesehen. Dieses Werkstattbuch will auf Fragen, die im Betriebe bei der
Verwendung und Verarbeitung der Kunststoffe vorkommen, eine rasche und ver-
ständliche Antwort geben. Es wendet sich an den Ingenieur, den Meister und
den Mann an der Maschine, den Kaufmann und den Konstrukteur. Auch den
Studierenden kann es in das Gebiet der Kunststoffverarbeitung einführen.

Dr.-Ing. ANDREAS NIELSEN ist am 27. 3. 52 gestorben und hat leider das Erscheinen dieses von ihm verfaßten Werkstattbuches nicht mehr erlebt. Besonderer Dank gebührt Herrn Dr.-Ing. H. DETERMANN, Verfasser des Werkstattbuches über „Nichthärtbare Kunststoffe (Thermoplaste)" für seine freundliche
Mitwirkung bei Erledigung der Korrekturarbeiten.

I. Einführung.

A. Begriff, Entstehung und Zusammensetzung der Kunststoffe.

1. Begriff und Einteilung. Der Begriff Kunststoffe ist erst seit etwa 40 Jahren
in Deutschland üblich. Das Ausland hat für die entsprechende Gruppe von Stoffen

Tabelle 1. *Einteilung der Kunststoffe nach ihrem physikalischen
Verhalten.*

1	2	3
Unterteilung in	Kennzeichen	Beispiele
Fluidoplaste	Bei 20° C selbst- fließende Stoffe (vis- kose Flüssigkeiten)	Flüssige Isobutylen-Plaste Flüssige Vinyl-Äther- Plaste, Weichbitumen
Thermoplaste	Nichthärtbare, in der Wärme formbare Stoffe	Polystyrol Polyvinylchlorid Einige Polyamide
Duroplaste	Härtbare Stoffe	Phenoplaste Aminoplaste Hartgummi
Elaste	Gummielastische Stoffe	Weichgummi aus Natur- und Kunstkautschuk Einige Polyamide Feste Isobutylen-Plaste

andere Bezeichnungen, die im wesentlichen auf den Wortstamm „Plast" zurück-
zuführen sind. Der Begriff Kunststoffe ist nicht so eindeutig, wie die auch in
Deutschland übliche Bezeichnung „Plastische Massen". Man versteht darunter

nach heute allgemeiner Auffassung organische bildsame Stoffe, welche voll-
synthetisch oder teilsynthetisch erzeugt worden sind. Kennzeichnend für sie ist, daß
sie plastisch verformbar sind, aus großen Molekülen bestehen und in vielen Fällen
durch Hitze härtbar sind. Man hat auch in Deutschland versucht, eine eindeutigere
Bezeichnung auf Grund des Wortstammes ,,Plast" zu schaffen. Ein Entwurf für
diese Bezeichnung liegt vor in DIN 7731. Hier wird als allgemeiner Begriff das Wort
,,Polyplaste" für Kunststoffe vorgeschlagen.

Die weitere Unterteilung in Untergruppen kann sowohl nach chemischen, als
auch nach physikalischen Gesichtspunkten erfolgen. Für den praktischen Gebrauch im Werkstattbereich unterteilt man zweckmäßig nach den physikalischen
Eigenschaften. Aus den 4 Gruppen der Tabelle 1 behandelt das vorliegende Buch
die 3. Gruppe, nämlich die Duroplaste oder härtbaren Kunststoffe, genauer ge-
sprochen die hitzehärtbaren Stoffe. In dieser Gruppe sind eine ganze Reihe
chemisch verschiedener Kunststoffe zusammengefaßt, welche jedoch wegen gemeinsamer physikalischer Eigenschaften für den praktischen Gebrauch zusammen
betrachtet werden können.

2. Formbarkeit und Härtbarkeit. Zur Kennzeichnung des eigenartigen Verhaltens der hitzehärtbaren Kunststoffe sei ein Vergleich dreier verschiedener Arten
fester Stoffe angestellt, indem wir ihr Verhalten in Abb. 1 be-
trachten, nämlich

1. Stoffart: schmelzbare Kristalle; 2. Stoffart: erweichbare
Feststoffe; 3. Stoffart: hitzehärtbare Feststoffe.

Das Verhalten dieser drei
Stoffarten in Bezug auf ihre
Härte beim Erwärmen bzw. Ab-
kühlen ist durch die Kurven

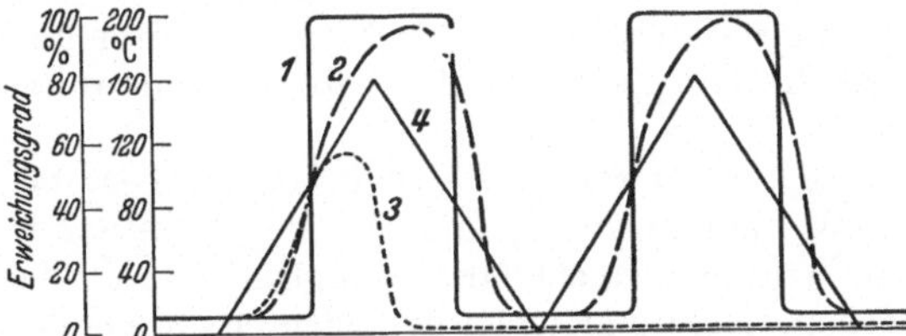

Abb. 1. Verhalten von festen Stoffen beim Erwärmen.
1 Schmelzbare Kristalle; *2* Erweichbare Feststoffe; *3* Hitzehärtbare Kunststoffe; *4* Temperaturverlauf.

1 ⋅⋅⋅ 3 dargestellt. Die Kurven entsprechen nicht irgendwelchen gemessenen Werten
bestimmter Stoffe; sie sind zur besseren Anschaulichkeit auch etwas vereinfacht
und zeigen nicht alle Feinheiten des wirklichen Verhaltens. Mit den drei Stoffen
soll der gleiche, aus der Temperaturkurve ersichtliche Vorgang des Erhitzens und
Abkühlens vorgenommen sein. Dabei wird ihre Verflüssigung bzw. Erweichung
verfolgt. Die Erweichung ist ausgedrückt in % der möglichen Erweichung für die
betreffenden Stoffe.

Kurvenzug *1* zeigt beim Erwärmen zunächst keine nennenswerte Abnahme in
der Härte. Erst bei Erreichen seines Schmelzpunktes findet eine sehr rasche Verminderung der Härte unter Übergang in den geschmolzenen Zustand statt. Nach
Erreichen dieses Zustandes ändert sich die Härte bzw. im vorliegenden Falle die
Viskosität der Schmelze nur noch wenig. Macht man die Erwärmung wieder rückgängig, d. h. bei Abkühlung, vollzieht sich, abgesehen von geringer Verzögerung
durch Unterkühlung, das Erstarren der kristallisierenden Stoffe mit derselben Geschwindigkeit wie das Schmelzen beim Erwärmen. Der Vorgang des Schmelzens
und Erstarrens kann beliebig oft wiederholt werden ohne Änderung des Verhaltens
der betreffenden Stoffe. Typische Beispiele für das Verhalten der schmelzbaren
Kristalle sind die *Metalle*.

Die Stoffe nach Kurvenzug *2* besitzen keinen ausgesprochenen scharfen Schmelz-
punkt, sondern gehen beim Erwärmen unter Einwirkung von Druck mehr oder weniger
rasch in einen plastischen und schließlich flüssigen Zustand über. Macht man die Erwärmung rückgängig, so ändert sich auch der Härtezustand des Stoffes und schließ-

lich wird auch hier, abgesehen von gewissen Verzögerungen, der Ausgangszustand wieder erreicht. Eine Wiederholung des Erweichens und Erhärtens durch Erwärmung bzw. Abkühlung ist beliebig oft möglich. Beispiele für das Verhalten der hier behandelten Stoffart sind die nicht hitzehärtbaren Kunststoffe, die sogenannten „*Thermoplaste*".

Kurvenzug *3* kennzeichnet das Verhalten von hitzehärtbaren Feststoffen. Unter der Einwirkung der Wärme findet auch hier eine Abnahme der Härte bis zu einer gewissen Erweichung statt. Gleichzeitig entwickelt sich neben dem Vorgang der Erweichung beim Erwärmen ein zweiter Vorgang, der auch durch die Wärme ausgelöst wird. Dieser Vorgang ist chemischer Natur und besteht darin, daß der innere Aufbau der Stoffe sich ändert. Wie alle chemischen Reaktionen hängt die Geschwindigkeit des Härtungsvorganges von der Temperatur und der Zeit ab. Durch Temperaturerhöhung findet eine sehr erhebliche Steigerung der Geschwindigkeit statt. Der chemische Härtungsvorgang bewirkt durch sein rasches Fortschreiten zunächst eine Aufhebung der beim Erwärmen begonnenen Erweichung und kehrt diese bei weiterer Zuführung von Wärme in eine Erhärtung um. Kennzeichnend für den Verlauf dieses Vorganges ist, daß er nicht mehr umkehrbar ist, d. h. nach Ablauf des chemisch bedingten Härtungsvorganges ist ein Zustand entstanden, der von dem ursprünglichen Zustand des Stoffes abweicht. Die Einmaligkeit des nicht umkehrbaren Härtevorganges unter Zufuhr von Wärme kennzeichnet die hitzehärtbaren Kunststoffe. Es ist die Gruppe von Polyplasten, welche in der Tabelle 1 als „*Duroplaste*" eingeteilt ist.

Die technische Anwendung des Vorganges der Hitzehärtung bei der Verarbeitung der Duroplaste besteht darin, daß man Formung und Härtung miteinander verknüpft. Unter der Einwirkung von Wärme erweichen die Duroplaste soweit, daß sie unter Druck plastisch formbar werden. Die im gleichen Arbeitsgang einsetzende Erhärtung in der Hitze legt die plastische Form fest und führt so zu Erzeugnissen, die gegen weitere Verformung außerordentlich beständig sind. Dies unterscheidet die hitzehärtbaren Kunststoffe (Duroplaste) von den nicht hitzehärtbaren Kunststoffen (Thermoplaste).

3. Aufbau der Kunstharze. Bei der weiteren Behandlung des Verhaltens der Duroplaste bedient man sich zweckmäßig einer Unterteilung nach ihrem chemi-

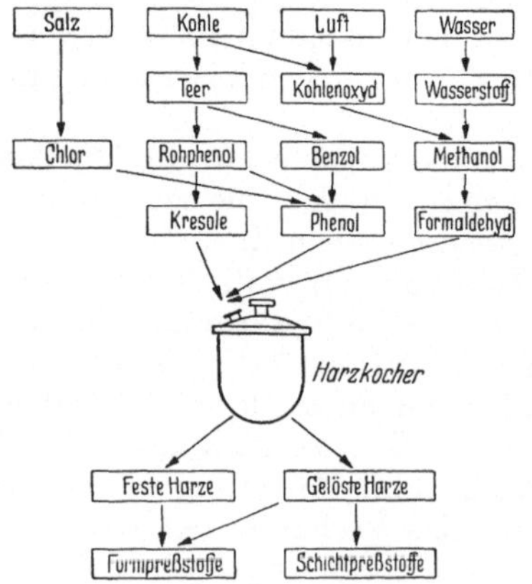

Abb. 2. Herkunft der Phenol-Formaldehyd-Harze.

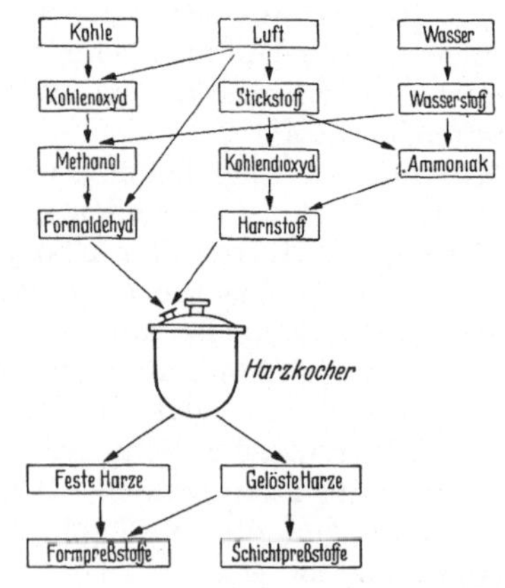

Abb. 3. Herkunft der Harnstoff-Formaldehyd-Harze.

schen Aufbau. Stoffe, welche die gekennzeichneten eigenartigen Verhältnisse beim Erhitzen zeigen, haben trotz Verschiedenheit ihrer chemischen Zusammensetzung doch vieles gemeinsam in ihrem Aufbau. Rein äußerlich betrachtet zeigen sie einen harzartigen Charakter. Daher kommt auch der Name „Kunstharze". Die Kunstharze sind durchweg Stoffe mit sehr großen Molekülen. Sie entstehen durch chemische Vorgänge aus kleinen Molekülen. Die Vergrößerung kann sich in einer oder in mehreren Richtungen vollziehen. Dementsprechend gibt es *Kettenmoleküle, Zweigmoleküle* und *Netzmoleküle*.

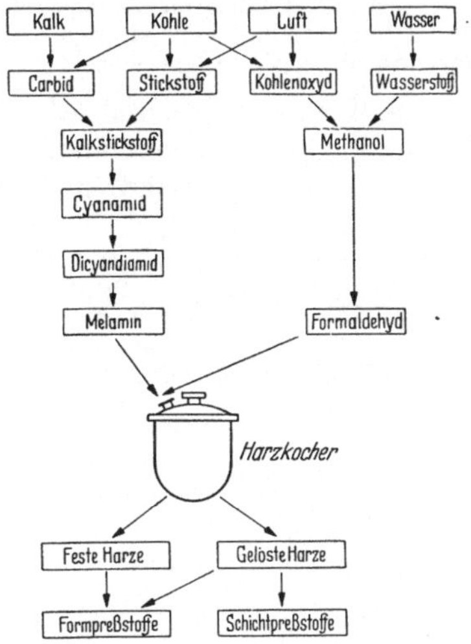

Die räumliche Anordnung der Glieder dieser Moleküle unterliegt starken Veränderungen. Bei *Kettenmolekülen* sind die Glieder am leichtesten beweglich und können sich leicht kräuseln oder strecken. Die Stoffe aus solchen Molekülen sind meist schmelzbar und unbegrenzt formbar. Bei *Zweigmolekülen* sind die Glieder nur beschränkt beweglich. Stoffe dieser Art sind erweichbar und plastisch formbar, dabei aber auch elastisch dehnbar. Bei *Netzmolekülen* sind die Glieder im Netz allseitig festgelegt und nicht mehr frei beweglich. Stoffe dieser Art sind nur unter Zerstörung ihres Zusammenhanges plastisch formbar. Sie können aber noch weitgehende elastische Verformungen erleiden.

Zwischen den gekennzeichneten Arten von Molekülverknüpfungen gibt es Übergänge und Entwicklungsstufen. Die Größe und Art der Moleküle ergibt die für die betreffenden Stoffe zutreffenden physikalischen Eigenschaften.

Die Ableitung geht in jedem Fall auf die natürlichen Grundstoffe wie Kohle, Luft, Wasser, Salz und Kalk zurück. Die Kunstharze werden daraus über oft

Abb. 4. Herkunft der Melamin-Formaldehyd-Harze.

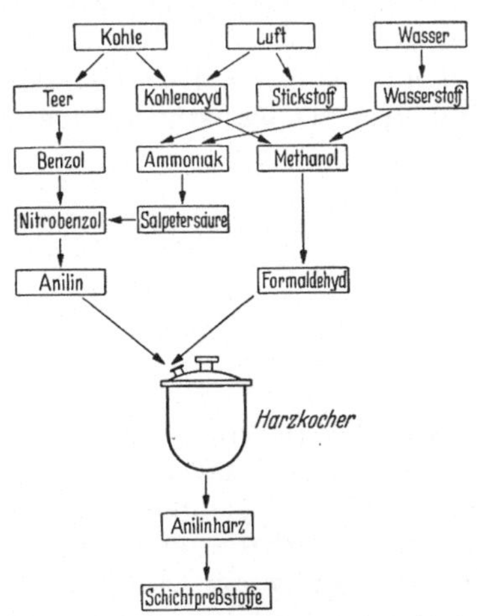

Abb. 5. Herkunft der Anilin-Formaldehyd-Harze.

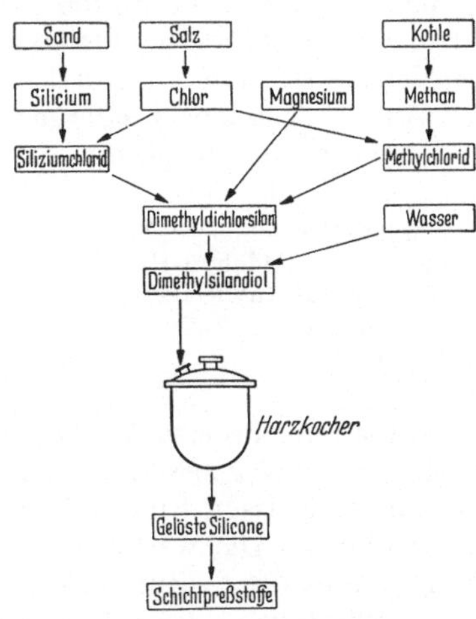

Abb. 6. Herkunft der Silicone-Harze.

mehrere Zwischenstufen hinweg dargestellt. Sie sind somit synthetische Harze. Das Harz bildet sich dabei eigentlich erst in der letzten Stufe durch Reaktionen zwischen Stoffen, die sich nach zwei oder mehr Richtungen hin verknüpfen können.

Nur auf diese Weise entstehen die riesenhaft vergrößerten Moleküle, die man auch Makromoleküle nennt.

Chemisch unterscheidet man drei Hauptarten von Reaktionen:

Kondensation = Verknüpfung unter Ausscheidung von Wasser oder anderen einfachen Stoffen.
Addition = Verknüpfung durch Anlagerung unter Bindungswechsel von Atomen.
Polymerisation = Verknüpfung durch wiederholte Anlagerung ohne Bindungswechsel.

Die härtbaren Kunstharze werden vorwiegend durch Kondensation und Addition aufgebaut. Die Harze durchstreifen dabei nacheinander und nebeneinander alle Stufen vom löslichen und schmelzbaren Anfangszustand („A"-Zustand) über den

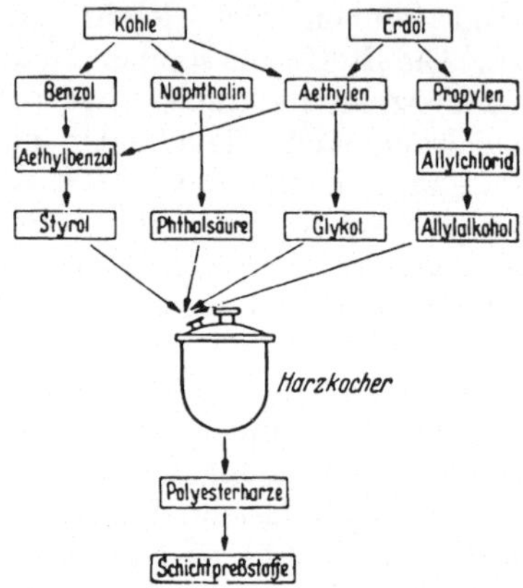

Abb. 7. Herkunft der Polyester-Harze.

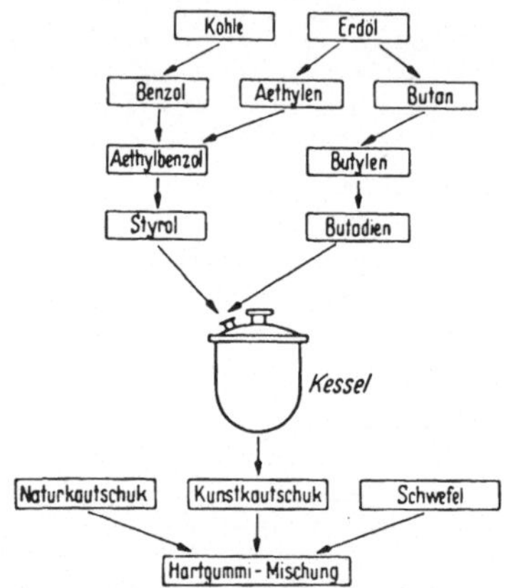

Abb. 8. Herkunft des Kunstkautschuks.

quellbaren und plastischen Zwischenzustand („B"-Zustand) bis hin zum unlöslichen und unschmelzbaren Endzustand („C"-Zustand). Die technische Anwendung benutzt dieses Verhalten, um zusammen mit der plastischen Formgebung gehärtete Gegenstände herzustellen.

In den Abb. 2 bis 8 sind im Schema für die hauptsächlichen Kunstharzgruppen einige Ableitungsbilder wiedergegeben. Es sind dies die Kunstharze, welche als Grundlage für die Duroplaste verwendet werden:

Phenol-Formaldehyd-Harze,
Harnstoff-Formaldehyd-Harze,
Melamin-Formaldehyd-Harze,
Anilin-Formaldehyd-Harze,
Silicone-Harze,
Polyesterharze,
Hartgummi.

4. Aufbau der Preßstoffe. Die Kunstharze als solche sind nur sehr begrenzt zur Herstellung von Gegenständen verwendbar. Ihr harzartiger Charakter drückt sich aus in einer gewissen Sprödigkeit, d. h. Empfindlichkeit gegenüber schlagartiger Beanspruchung. Die wertvollen Eigenschaften der Kunstharze kommen erst zur Geltung, wenn durch Zufügung von Füllstoffen, besser gesagt Harzträgern, Mischungen entstehen, welche die Vorteile beider Komponenten besitzen. Die Verhältnisse sind hier ähnlich denen beim Aufbau von z. B. Eisenbeton aus Zement, Sand und Stahl. Auch hier erlangen die einzelnen Bestandteile erst durch das Zusammenfügen beim Entstehen des Baukörpers ihre bekannte hohe Festigkeit. Dem Beispiel des Zementes und Wassers im Beton entspricht bei den Preßstoffen das Kunstharz mit Härtemitteln, während dem Sand und Stahl die körnigen bzw.

faserigen Harzträger entsprechen. Bei der Entwicklung der Preßstoffe hat man
eine sehr große Reihe von Stoffen als Harzträger eingehend geprüft. Die praktisch
gebrauchten Harzträger stammen aus den verschiedensten Gebieten. Sie können
sein:

> *pulverförmig*: Grafit, Talkum, Schiefermehl, Glimmermehl, Asbestmehl, Holzmehl;
> *faserig*: Asbestfasern, Asbestgarne, Glasfasern, Holzfasern, Baumwollfasern;
> *flockig*: Zellstoff;
> *geschnitzelt*: Baumwollgewebeschnitzel, Papierschnitzel, Holzschnitzel;
> *verfilzt*: Asbestpapier, Glasmatten, Papier;
> *gewebt*: Baumwollgewebe, Asbestgewebe, Glasgewebe;
> *gewachsen*: Holzfurniere.

Durch die Verbindung der Kunstharze mit den verschiedenen Harzträgern ist
eine außerordentliche Fülle verschiedener Preßstoffe herstellbar. Je nach Art und
Menge der Kunstharze und der Harzträger entstehen besondere Eigenschaften.
Die Eigenschaften der Preßstoffe sind im Laufe der jahrzehntelangen Entwick-
lungsarbeit weitgehend durchgeprüft und die Werte liegen z. T. schon in Form von
Normblättern vor (s. Abschn. I C).

B. Herstellung.

Die hitzegehärteten Kunststoffgegenstände entstehen in zwei Abschnitten,
durch Herstellung der *Preßmassen* und durch Verarbeitung dieser Preßmassen zu
geformten *Preßstoffen*. Die Preßmassen sind als Zwischenprodukte anzusehen. Sie
enthalten in ihrer Zusammensetzung und in ihrem Aufbereitungszustand alle Voraussetzungen für den Übergang in die entsprechenden Preßstoffe. Die tatsäch-
lichen Eigenschaften der Preßstoffe sind daher bei den Preßmassen als mögliche
Eigenschaften vorhanden. Bei der Herstellung der Preßmassen werden daher im
Endziel auch schon die daraus entstehenden Preßstoffe vorausbestimmt.

Die Zusammensetzung der Massen aus Kunstharzen und Harzträgern bestimmt
die Wege der Herstellung. Diese lassen sich nach Art und Menge der Harzträger in
drei Gruppen zusammenfassen: Härtbare Harze, Formpreßmassen und Schichtpreßmassen.

1. Härtbare Harze. *Die härtbaren Harze* sind die Grundlage der hitzehärtbaren
Preßmassen. Sie werden zur Erzielung von Preßmassen mit den verschiedenen
Harzträgern verbunden, lassen sich aber auch als reine Harze zu geformten und
ausgehärteten Gegenständen verarbeiten und sind in diesem Sinne als Preßmasse
anzusprechen. Die chemischen Vorgänge der Harzerzeugung sind z. T. sehr ver-
wickelt und überschreiten den Rahmen des vorliegenden Büchleins. Technisch
durchgeführt wird die Harzerzeugung mit den in der chemischen Industrie allgemein üblichen Einrichtungen und Anlagen. Die Eigenart der hitzehärtbaren Harze
erfordert jedoch eine sorgfältige Beachtung des Temperaturverlaufes. Man darf
nur so lange und so hoch erhitzen, daß keine vorzeitige Aushärtung während der
Herstellung eintritt.

Am Beispiel der Herstellung von Phenol-Formaldehyd-Harzen (Abb. 9) kann
man das Grundsätzliche des Verfahrens auch für die Herstellung anderer Kunstharze erkennen.

Der Rührwerkskessel wird gefüllt mit abgemessenen oder abgewogenen Mengen von Phenol,
Formaldehydlösung und Katalysatoren. Als Katalysator benutzt man entweder Säuren oder
Basen. Die eingewogenen Stoffe werden unter Rühren am Rückflußkühler erwärmt. Die Harzbildung beginnt alsbald und schreitet unter Erwärmen rascher fort. Durch fortlaufende Mes-
sungen der Lichtbrechung und der Viskosität verfolgt man den Fortgang. Nach Erreichung
eines jeweils festgesetzten mittleren Standes der Harzbildung wird das ausgeschiedene Wasser
durch Abdampfen unter Vakuum entfernt. Durch die Temperaturerniedrigung im Vakuum

wird eine vorzeitige Härtung des Harzes vermieden. Nach Verdampfung des Wassers steigt die Temperatur des Harzes wieder an. Bei Erreichung der gewünschten Härte wird das Harz rasch abgelassen und in Pfannen gekühlt. Es kann auch durch Zugabe von Lösungsmitteln gelöst werden und wird dann als gelöstes Harz abgelassen.

Man unterscheidet zwei Hauptarten von Phenol-Harzen: *Novolacke*, welche mit einem geringeren Anteil an Formaldehyd hergestellt werden und deshalb zur Aushärtung noch mit weiteren Härtemitteln versehen werden müssen, und *Resole*, welche die erforderliche Menge Formaldehyd bereits besitzen und ohne Zusätze härtbar sind.

Die hergestellten Harze und Harzlösungen werden überwiegend zu Formpreßmassen und Schichtpreßmassen weiterverarbeitet. Ein kleiner Teil wird auch zu Gießharzen verwendet. Diese Harze sind Resole, welche sehr sorgfältig unter Erhaltung ihrer Gießfähigkeit entwässert werden. Sie können mit löslichen Farbstoffen gefärbt werden. Eine längere Aufbewahrung vertragen sie nicht und werden deswegen als solche nicht gehandelt, sondern alsbald nach der Herstellung in entsprechenden Gießformen zu Werkstücken vergossen.

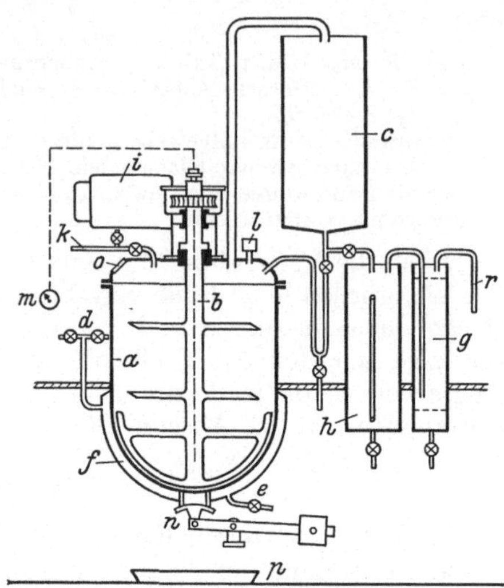

Abb. 9. Harzkocher für Phenol-Formaldehyd-Harze. *a* Kochkessel; *b* Rührer; *c* Kühler; *d* Dampf und Kühlwasser; *e* Kondensat-Abfluß; *f* Heizmantel; *g, h* Vorlagen; *i* Motor für Rührwerk; *k* Füllrohr; *l* Sicherheitsventil; *m* Pyrometer; *n* Bodenventil; *o* Schauglas; *p* Harzpfanne; *r* Vakuumleitung.

2. Formpreßmassen. Die Formpreßmassen setzen sich zusammen aus härtbarem Harz und pulverigen, faserigen oder geschnitzelten Harzträgern. Die Harzträger sollen dazu die Festigkeit der Preßstoffe steigern und müssen daher möglichst innig mit dem Harz verbunden werden. Die Herstellverfahren sind hierauf so abgestimmt, daß bei möglichst guter Durchmischung die Festigkeit der Harzträger erhalten bleibt. Soweit es sich um reine Mischvorgänge handelt, benutzt man die in der Mischtechnik auch anderer Stoffe üblichen Maschinen mit einigen zweckentsprechenden Abwandlungen. Neben den Mischvorgängen laufen jedoch chemische Umwandlungen einher, welche die technische Beschaffenheit der Massen verändern. Diese Veränderungen müssen erfolgen, um die Massen soweit zu entwickeln, daß sie nur eine möglichst kurze Formung unter Druck und Hitze benötigen, um in Preßstoff-Gegenstände überzugehen. Bei der Durchführung des Mischens der Preßmassen sind die folgenden Hauptaufgaben zu lösen. Sie können jeweils mit mehreren Arten von Maschinen gelöst werden.

a) Das Trockenmischen wird meist gleichzeitig mit der Zerkleinerung bei Raumtemperatur durchgeführt. Man benutzt Kugelmühlen, Kollergänge oder Siebmühlen. Die Staubvermeidung ist dabei eine wichtige Nebenaufgabe. Geeignet für das Verfahren sind harte Festharze und pulverige Harzträger.

b) Das Heißmischen ist ein Vorgang, der mit flüssigen bzw. geschmolzenen Harzen in der Wärme ausgeführt wird. Die aus der Gummitechnik bekannten Mischwalzen mit Friktionen von 1:1,6 werden auch für das Heißmischen von Formpreßmassen benutzt; daneben verwendet man auch Kneter und Schneckenmischer. Das Mischgut wird bei pulverförmigen Stoffen durch Trockenmischen in größeren Ansätzen gleichförmig vorbereitet und kann ohne weiteres Abwiegen fortlaufend heiß gemischt werden.

c) Das Naßmischen muß vorgenommen werden, wenn man mit flüssigen Harzen oder Harzlösungen arbeitet. Dies ist insbesondere notwendig bei faserigen und geschnitzelten Harzträgern. Man arbeitet je nach der Menge des faserigen Anteiles mit Rührwerken, Knetern oder mit Kollergängen.

d) Trocknen ist erforderlich, wenn naßgemischte Massen verarbeitet werden sollen. Die Wärme muß gleichmäßig und durchgehend für alle Teile der Massen auf das Trockengut übertragen werden. Die Temperatur darf nicht zu hoch sein und nicht lange wirken, weil sonst die Gefahr vorzeitiger Härtung besteht. Als Wärmeübertragungsweg wird Kontakt mit Heizflächen und Heißluft benutzt. Dazu dienen Vakuumkneter oder Hordentrockner oder Bandtrockner.

e) Zerkleinern ist notwendig, um die aus den Vorgängen des Heißmischens entstandenen größeren Stücke auf schüttfähige Körnungen zu bringen. Bei den getrockneten Massen ist das Zerkleinern meist nicht erforderlich. Man arbeitet zweckmäßig mit Zackenbrechern zum Vorbrechen und Zahnkranzmühlen zum Mahlen. Die Körnung wird durch die Größe der Sieblöcher eingestellt.

f) Abfüllen in Verpackungen ist in jeder Fertigung der letzte Arbeitsgang. Man schaltet zur Erzielung größerer völlig gleichmäßiger Ansätze Mischtrommeln oder Mischbunker ein. Die fertigen Massen werden zur Beseitigung etwaiger Eisen- oder Metallteile oft vor dem Abfüllen noch über Magnetscheider oder Metallsuchgeräte gegeben.

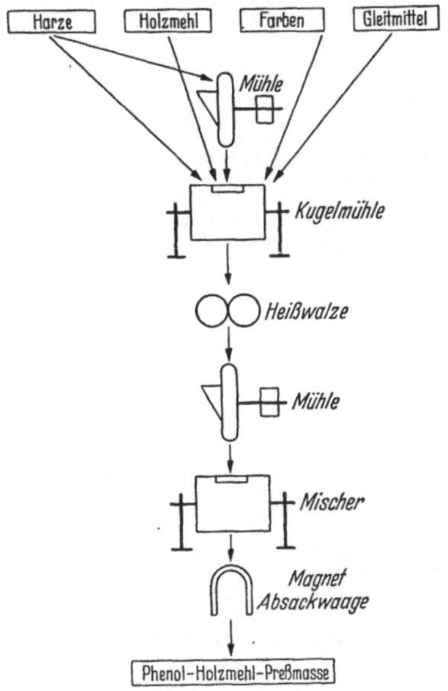

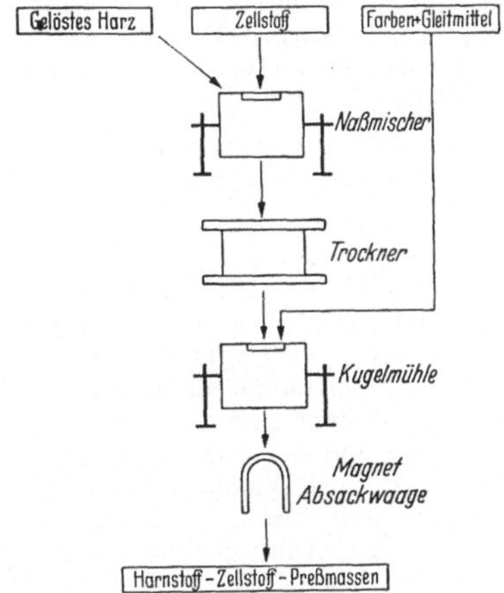

Abb. 10. Herstellung von Phenol-Formaldehyd-Holzmehl-Preßmassen.

Abb. 11. Herstellung von Harnstoff-Zellstoff-Preßmassen.

Der Herstellungsweg einer bestimmten Preßmasse verläuft je nach den vorliegenden Rohstoffen über die dafür zweckmäßigen Maschinen. Aus der Fülle der Möglichkeiten werden zwei typische Beispiele in den Fließbildern Abb. 10 und 11 gezeigt.

3. Schichtpreßmassen. Die Harzträger der Schichtpreßstoffe liegen vor in Form von Bahnen, Tafeln, Furnieren, Folien. Ihr technischer Wert liegt in ihrer hohen Festigkeit durch die gerichtete und zusammenhängende Struktur. Er geht verloren, wenn die Struktur zerstört wird. Bei der Herstellung der Schichtpreßmassen ist daher eine schonsame Einmischung des Kunstharzes notwendig. Die Harze werden in flüssiger oder gehärteter Form verwendet. Die Verfahren richten sich nach Länge, Breite und Struktur der Harzträgerstoffe.

a) Bahnenförmige Stoffe. Papier, Gewebe, Asbestpapier, Asbestgewebe, Glasfasermatten, Glasgewebe können auf den gleichen Maschinen mit Kunstharz getränkt und getrocknet werden. Die Arbeitsweise einer solchen Lackiermaschine für Papierbahnen (Abb. 12) ist beispielhaft für derartige Einrichtungen.

Die Harzmenge wird durch Einstellung des Spaltes zwischen Lackierwalze (f) und Übertragungswalze (g) geregelt. Nur bei einseitigem Lackieren wird das Harz von der Oberseite der Lackierwalze abgenommen. Bei zweiseitigem Lackieren läßt man die Bahnen um die Übertragungswalze herum und durch den Spalt laufen. Die anschließende Trocknung kann auch in senkrechten Trockentürmen geschehen. Die Wärmeeinwirkung wird durch die Temperatur und Fahrgeschwindigkeit so geregelt, daß gerade diejenige Härtung erreicht wird, welche für die weitere Verarbeitung zu Schichtpreßstoffen günstig ist.

b) **Pappen und Furniere** liegen in Stükken von bestimmten Formaten vor. Man muß sie durch Tauchen in Harzlösungen tränken. Das Eindringen wird durch vorheriges Vakuum befördert. Die Menge des aufgenommenen Harzes wird durch Abtropfen oder Abdrücken geregelt. Anschließend werden die Stücke auf Bandtrocknern oder Rollentrocknern getrocknet.

c) **Vorgeformte Schichten.** Ein Nachteil der in Bahnen oder Stücken vorliegenden Schichtstoffe ist ihre beschränkte Formbarkeit zu anderen als flachen Gegenständen. Man umgeht diesen Nachteil, indem man Faserschichten auf beliebigen Formkörpern erzeugt. Diese Technik ist insbesondere bei Glasfaserstoffen entwickelt (Abb. 13).

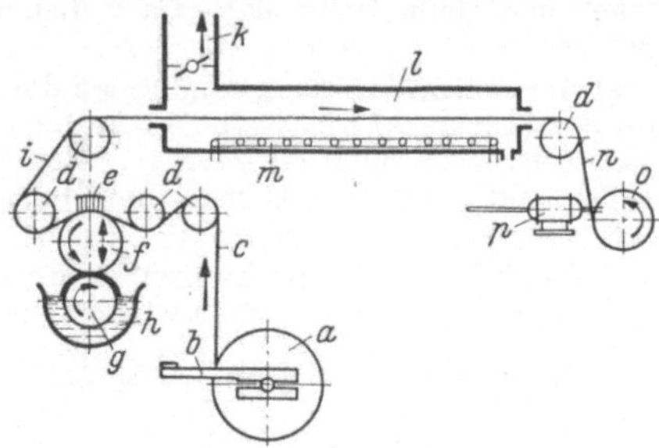

Abb. 12. Lackiermaschine für Papierbahnen.

a Rohpapierrolle; *b* Bremse; *c* Rohpapier; *d* Leitwalzen; *e* Bürsten; *f* Lackierwalze; *g* Übertragungswalze; *h* Vorratswanne; *i* Lackpapier, frisch; *k* Abzug für Lösungsmitteldampf; *l* Trockenkanal; *m* Heizschlangen; *n* Lackpapier, getrocknet; *o* Lackpapier, aufgerollt; *p* Antrieb.

Das Harz ist in diesem Falle frei von flüchtigen Lösungsmitteln und besteht nur aus härtbaren Anteilen. Das Verfahren geht unmittelbar über in die Formung und Härtung der fertigen Gegenstände.

d) **Faserbreiformstücke.** Zur Herstellung von Formstücken aus Fasern kann man mit Erfolg den nassen Weg über Holländer und Pappenmaschine oder über Saugpappenmaschinen gehen. Das Harz wird dem Faserbrei als Suspension oder Emulsion beigegeben und. auf der Faser niedergeschlagen. Man muß die feuchten abgesaugten Formstücke unter Beachtung der Härtungsvorgänge des Harzes trocknen. Zellstoffasern lassen sich nach solchen Verfahren mit Phenolharzen, Melaminharzen und Anilinharzen verbinden.

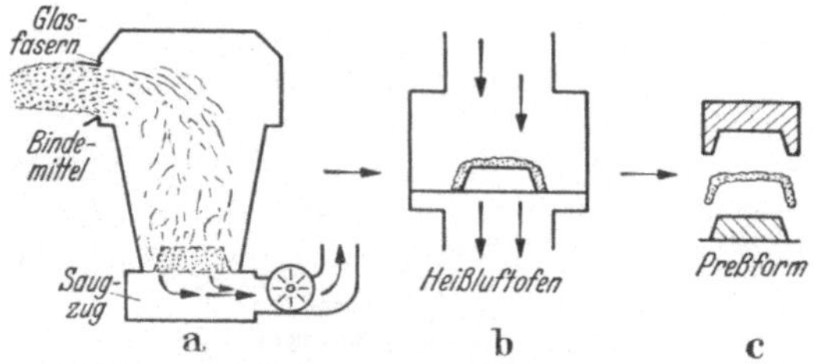

Abb. 13. Herstellung von Glasfaserfilzkörpern.
a Saugkammer; *b* Trockenkammer; *c* Filzkörper fertig für Form.

C. Eigenschaften, Normung und Typisierung, Bezeichnungen.

1. Die Eigenschaften in Vergleichstabellen. Die Eigenschaften von Preß*stoffen* sind das Ergebnis aus Zusammensetzung und Verarbeitung der Preß*massen*. Man prüft daher die in den noch nicht gehärteten Preßmassen ruhenden Eigenschaften an Prüfkörpern, die daraus nach bestimmtem Verarbeitungsverfahren hergestellt worden sind. Ein Nachprüfen der Eigenschaften an fertigen Gegenständen ist bei Formpreßstoffen nur selten möglich. Bei Schichtpreßstoffen hängt diese Möglichkeit von der Dicke der Schichten ab, ist aber leichter gegeben. Die Vergleichstabellen sind für beide Gruppen getrennt aufgestellt, da die Vergleichsmöglichkeit innerhalb der Gruppen notwendiger ist als darüber hinaus. Zwecks Benutzung der Tabellen 2 u. 3 als Unterlage für den Einsatz der Formstoffe sind die Eigenschaftswerte durch abgestufte Grautöne (Schraffur) hervorgehoben (5 Stufen!).

a) **Eigenschaften der Formpreßstoffe** (Tabelle 2). Die Auswahl der preßstoffe beschränkt sich auf die im Handel in größerem Umfange vorkommenden Typen. Die Auswahl der Eigenschaften erstreckt sich auf diejenigen, welche als kennzeichnend für die betreffenden Preßstoffe anzusehen sind. Weitere Eigenschaften stehen mit den genannten in mehr oder weniger zwangsläufigem Zusammenhang und können daraus mit gewisser Sicherheit gefolgert werden.

Tabelle 2. *Eigenschaften der Formpreßstoffe.*

	Hart-gummi	Phenol-gießharz	Phenol-preßharz	Phenolharz-mineralmehl	Phenolharz-asbestfasern	Phenolharz-asbestgarne	Phenolharz-holzmehl	Phenolharz-zellstoff	Phenolharz-gewebeschnitzel	Phenolharz-holzschnitzel	Harnstoffharz-zellstoff	Melamin-asbestfasern	Melamin-holzmehl	Melamin-zellstoff	Melamin-gewebeschnitzel
Wichte kg/dm³	1,14–1,50	1,30–1,32	1,30–1,35	1,70–2,00	1,80–2,00	1,80–2,00	1,32–1,38	1,32–1,38	1,32–1,38	1,35–1,40	1,45–1,55	1,70–2,00	1,45–1,55	1,45–1,55	1,45–1,55
Zugfestigkeit kg/cm²	450–600	400–600	500–600	150–200	250–300	250–350	250–400	250–450	250–450	250–450	250–450	400–500	350–400	350–500	400–500
Biegefestigkeit kg/cm²	800–1200	900–1000	700–1000	500–700	500–700	700–1000	700–900	600–1200	600–800	800–1000	800–1000	600–800	600–800	700–1000	800–1000
Schlagzähigkeit cm.kg/cm²	8–20	10–20	5–10	3–5	3–5	15–18	5–7	5–10	6–20	8–14	5–7	3–6	5–7	5–9	8–14
Kerbschlagzähigkeit cm.kg/cm²	5–14	1–2	1–2	1–2	2–4	15–18	1–3	3–10	6–18	6–10	1–2	2–5	1–3	3–8	6–12
Druckfestigkeit kg/cm²	500–700	600–1000	2800–3000	1200–1800	1200–1800	1200–1800	2000–2300	1400–1600	1400–1600	2000–3000	2000–2500	1800–2000	1800–2000	2000–2500	2000–2500
Härte kg/cm²	1000–1600	900–1300	1900–2000	1800–2000	1500–1800	1500–1800	1300–1800	1300–1800	1300–1800	1500–1800	1500–1800	1600–1800	1600–1800	1700–2000	1600–1800
Elast. Modul kg/cm³ ×10³	20–25	30–35	50–70	100–120	100–130	120–150	70–80	60–70	70–90	70–100	100–110	110–115	80–90	90–100	110–115
Wärmeformfestigkeit °C	60–80	40–60	140–155	150–180	150–180	150–180	125–140	125–150	125–140	125–140	100–120	130–160	130–150	130–150	130–150
Dauerwärmefestigkeit °C	100–120	70–80	100–120	140–160	140–160	140–160	100–120	120–140	120–140	100–120	60–80	150–180	120–150	120–150	120–150
Glutfestigkeit Gütezahl	1–2	3	4	4	4	4	3	3	2	2	3	4	4	4	4
Oberflächenwiderstand Ohm	10^{14}	10^{12}	10^{12}	10^{10}	10^{10}	10^{10}	10^{12}	10^{10}	10^{10}	10^{8}	10^{10}	10^{10}	10^{11}	10^{11}	10^{11}
Verlustfaktor bei 10^{6} Hz	0,006–0,050	0,01–0,05	0,03–0,08	0,1–0,4	0,1–0,4	0,1–0,4	0,05–0,2	0,1–0,2	0,1–0,2	0,1–0,2	0,03–0,1	0,07–0,14	0,02–0,08	0,02–0,08	0,03–0,08
Kriechstromfestigkeit rel. sec	0	0	0	0	0	0	0	0	0	0	100–150	120–140	100–120	110–180	120–130
Wasseraufnahme 7 Tg. mg/100cm²	0–5	200–300	30–40	50–60	50–60	50–60	200–300	200–300	300–400	400–500	300–400	50–60	200–250	200–300	200–300
Säurefestigkeit rel. %	100	100	100	100	100	100	50	50	50	50	0	50	30	30	30
Alkalifestigkeit rel. %	100	0	0	0	0	0	0	0	0	0	50	100	100	100	100
Lösungsmittelfestigkeit rel. %	50	50	100	100	100	100	100	100	100	100	100	100	100	100	100
Lichtfestigkeit rel. %	0	50	50	50	50	50	50	50	50	50	100	100	100	100	100
Formbarkeit rel. %	100	50	50	70	70	50	100	80	70	50	100	80	80	100	80
Härtungstemperatur °C	130–155	80–120	130–160	150–165	145–190	145–190	145–195	140–175	140–175	130–160	135–150	145–170	145–160	145–180	135–165
Bearbeitbarkeit rel. %	100	100	80	50	50	50	60	80	80	80	50	30–50	50–80	50–80	50–80
Lichtdurchlässigkeit rel. %	0	100	80	0	0	0	0	0	0	0	50	0	0	50	0
Färbemöglichkeit rel. %	50	100	100	30	30	30	80	50	100	50	100	50	80	100	100

Tabelle 3. Eigenschaften der Schichtpreßstoffe.

	Phenolharz-zellstoffpapier	Phenolharz-baumwollgewebe	Phenolharz-glasgewebe	Phenolharz-asbestpapier	Phenolharz-asbestgewebe	Phenolharz-holzfurniere	Anilinharz-zellstoffpapier	Harnstoffharz-zellstoffpapier	Melaminharz-zellstoffpapier	Melaminharz-baumwollgewebe	Melaminharz-asbestgewebe	Melaminharz-glasgewebe	Polyesterharz-glasfasermatte	Polyesterharz-glasgewebe	Silicone-glasgewebe
Wichte kg/dm³	1,35–1,40	1,35–1,40	1,90–2,00	1,80–1,90	1,80–2,00	1,00–1,35	1,32–1,35	1,40–1,50	1,45–1,55	1,40–1,50	1,80–1,90	1,90–2,10	1,50–1,80	1,50–2,10	1,80–2,00
Zugfestigkeit kg/cm²	1000–2000	500–900	1500–2800	500–900	500–700	1200–2000	800–1100	700–1000	1000–1800	600–1200	500–900	1500–1800	420–1400	2800–3500	900–1200
Biegefestigkeit kg/cm²	900–1400	1000–1600	1400–2000	900–1200	1100–1300	1800–3000	1500–1800	1500–1800	1400–2500	1000–1900	1100–1700	2000–2500	1400–2500	3500–4300	1000–2300
Schlagzähigkeit cmkg/cm²	8–35	25–60	20–35	25–47	15–25	20–80	25–30	10–13	8–20	15–25	10–15	40–60	20–60	40–60	20–30
Kerbschlagzähigkeit cmkg/cm²	5–20	15–35	10–15	10–15	15–25	20–50	20–25	5–7	5–15	10–15	8–10	20–30	20–40	20–40	10–15
Druckfestigkeit kg/cm²	1400–2800	2000–3000	3000–3200	2500–2800	2200–2500	800–1400	1400–1800	1200–1400	2000–3300	2000–2500	3000–4500	3000–4000	1400–1800	2100–3500	2500–3200
Härte kg/cm²	1300–1800	1300–1600	1400–1600	1400–1600	1400–1600	1500–1600	1300–1600	1300–1600	1400–1600	1400–1600	1600–1800	1600–1800	800–1000	800–1000	1300–1500
Elast. Modul kg/cm² $\times 10^{3}$	30–200	25–100	70–140	70–100	25–100	100–200	30–70	70–150	70–150	70–140	70–150	70–150	70–100	70–140	70–140
Wärmeformfestigkeit °C	125–160	125–160	140–180	140–160	140–160	140–160	100–110	100–110	140–160	140–160	140–160	180–200	120–140	120–140	140–260
Dauerwärmefestigkeit °C	110–120	110	145	135	135	110	90–100	70–100	110–140	110–120	110–150	150–160	140–160	140–160	200–250
Gluttfestigkeit Gütezahl	2–3	2	4	4	4	2	1	3	3	3	4	4	2	2	4
Oberflächenwiderstand Ohm	10^{8}–10^{12}	10^{8}–10^{10}	10^{8}–10^{10}	10^{8}–10^{10}	10^{8}–10^{10}	—	10^{10}–10^{12}	10^{8}–10^{11}	10^{10}–10^{12}	10^{8}–10^{10}	10^{8}–10^{10}	10^{10}–10^{12}	10^{8}–10^{10}	10^{8}–10^{10}	10^{12}–10^{14}
Verlustfaktor bei 10^{6} Hz	0,03–0,08	0,03–0,08	0,01–0,03	0,1–0,2	0,1–0,3	0,05–0,07	0,002–0,01	0,02–0,04	0,03–0,07	0,03–0,05	0,1–0,3	0,01–0,02	0,01–0,02	0,01–0,02	0,001–0,003
Kriechwegfestigkeit rel. sec.	0	0	0	0	0	0	80–100	100–150	110–180	120–135	170–200	170–200	80–180	80–120	150–250
Wasseraufnahme 7 Tg. mg/100cm²	300–1500	300–400	200–400	200–400	300–500	4000–6000	300–400	400–600	200–300	300–400	200–400	200–400	300–1500	300–600	100–150
Säurefestigkeit rel. %	80	80	100	100	100	80	0	0	50	50	50	50	100	100	80
Alkalifestigkeit rel. %	0	0	0	0	0	0	100	50	100	100	100	100	0	0	50
Lösungsmittelfestigkeit rel. %	100	100	100	100	100	100	80	100	100	100	100	100	80	80	100
Lichtfestigkeit rel. %	50	50	50	50	50	50	50	100	100	100	100	100	180	80	100
Lichtdurchlässigkeit rel. %	0	0	0	0	0	0	50	50	50	50	0	50	50	50	50
Farbmöglichkeiten rel. %	50	50	50	20	20	50	50	100	100	100	50	100	100	100	50
Platten/Rohre/Stäbe	+ + +	+ + +	+ + −	+ + +	+ + −	+ − −	+ + −	+ − −	+ − −	+ − +	+ − +	+ − −	+ + +	+ + +	+ − −
Bearbeitbarkeit rel. %	100	100	50	50	50	100	100	100	100	100	50	50	50	50	50
Spaltlast kg/cm	200–250	250–350	200–250	250–350	500–600	300–350	200–250	300–350	300–350	200–250	400–500	300–400	300–400	300–400	400–500

Die Grenzen in denen die Werte der Tabelle schwanken können, sind gegeben durch das Mengenverhältnis der Komponenten für den jeweiligen Preßstoff. Außerhalb dieser Grenzen treten praktisch keine Werte mehr auf. Man kann daher mit einiger Sicherheit die Eigenschaften gegeneinander abwägen, indem man die angegebenen Grenzen nach oben und unten berücksichtigt. Es handelt sich in der Tabelle um *Prüfwerte*. Bei ihrer praktischen Auswertung zur Beurteilung des Einsatzes der Preßstoffe ist zu berücksichtigen, daß die Prüfwerte im wesentlichen an eigens für Prüfzwecke hergestellten Normkörpern ermittelt wurden. Die Prüfungs-Beanspruchungen selbst sind z. T. bis zur Zerstörung der Prüfkörper gesteigert worden. Die gefundenen Werte sind daher nicht ohne weiteres als Gebrauchswerte anzusehen. Sie stellen die obersten Grenzen dar, bis zu denen die Stoffe unter den jeweiligen Bedingungen noch unzerstört bleiben. Bei der praktischen Verwendung muß, wie in allen solchen Fällen, auch bei andern Werkstoffen, der nötige Sicherheitsabstand beachtet werden.

Die angegebenen Werte sind, unter diesem Gesichtspunkt betrachtet, als Vergleichsbasis mit den entsprechenden Prüfwerten anderer Werkstoffe zu verwerten. Bei den zerstörungsfreien Prüfungen, insbesondere elektrischer Art, sind aus den Prüfwerten durchaus brauchbare Grundlagen für den Einsatz zu entnehmen.

Viele der aufgeführten Eigenschaften sind miteinander gekoppelt, teils im gleichen Sinne, wie z. B. bei Biege- und Schlagfestigkeit, teils gegensinnig, wie z. B. bei Schlagfestigkeit und Wasserfestigkeit. Schließlich gibt es auch praktisch voneinander unabhängige Eigenschaften.

Zu beachten ist noch, daß die Eigenschaften bei den Formpreßstoffen keine oder nur sehr geringe Richtungsabhängigkeit im fertigen Artikel zeigen. Dies ist ein wesentlicher Unterschied gegenüber den Schichtpreßstoffen.

b) Die Eigenschaften der Schichtpreßstoffe sind in Tabelle 3 nach den gleichen Gesichtspunkten in bezug auf die ausgewählten Stoffe und auf die Eigenschaftswerte dargestellt wie bei den Formpreßstoffen. Die Werte müssen jedoch stets unter Berücksichtigung der *Richtung* betrachtet werden, unter der die Prüfung erfolgte. Durch die Schichtung tritt eine Ausrichtung der Harzträger ein, die größere Festigkeiten in Richtung der Schichten ergibt. Die schwache Seite bei allen Schichtpreßstoffen ist die Spaltfestigkeit zwischen den Schichten.

Ferner sind die Festigkeiten auch innerhalb der Schichtflächen ausgerichtet bei flächenmäßig angeordneten Schichtstoffen wie z. B. Holzfurnieren, Glasfasern, Papierbahnen und manchen Geweben. Man unterscheidet hier vor allem die Richtungen längs und quer zur Bahnrichtung. Das ist bei Holzfurnieren die Wuchsrichtung bzw. senkrecht dazu, bei Geweben der Unterschied zwischen Kette und Schuß. Man nimmt auf diese verschiedenen Festigkeiten beim Aufbau der Schichtstoffe Rücksicht, indem man die Bahnen entsprechend anordnet. Auch gleicht man durch *kreuzweises* oder *sternförmiges* Legen der Schichtstoffe die Festigkeiten aus, wenn dies gefordert wird.

Die Werte der Tabelle 3 beziehen sich für die mechanischen Eigenschaften auf Beanspruchungen in Richtung der günstigsten Festigkeiten. Die thermischen, elektrischen und chemischen Festigkeiten sind dagegen weniger richtungsabhängig.

Für die praktische Anwendung der Schichtpreßstoffe kommen noch eine Reihe von technologischen Eigenschaften hinzu, da es sich um Halbfabrikate handelt, welche weiterverarbeitet werden. Dieser Teil der Eigenschaften wird im Zusammenhang mit den Verarbeitungsmethoden beschrieben.

2. Normung und Typisierung. Die Normung der Kunststoffe liegt in ihren Anfängen bereits etwa 30 Jahre zurück. Sie entstand ursprünglich aus den Erfordernissen der Elektrotechnik. Eine der ersten Normen, die damals herauskamen, trug die Bezeichnung „Leitsätze für die

Prüfung nicht-keramischer gummifreier Isolierstoffe" (VDE 0302). Aus diesen Anfängen heraus wurde das Normungswerk fortlaufend erweitert und mit der Entwicklung der Technik in Einklang gebracht. Die Normung war erforderlich, weil die Elektrotechnik bei der Fülle der neuentwickelten Kunststoffe verläßliche Unterlagen für ihre Konstruktionen haben mußte. Die älteren Werkstoffe, welche damals schon auf eine jahrzehntelange Bewährung in der Elektrotechnik zurückblicken konnten, wie Keramik und Hartgummi, waren bereits zu feststehenden Begriffen geworden und in ihren Eigenschaften den Konstrukteuren geläufig. Hartgummi wurde bei der Schaffung der Normen für härtbare Preßstoffe eigentlich zu Unrecht nicht mit eingeschlossen, obgleich es nach seinen Eigenschaften als hitzehärtbarer Kunststoff anzusehen ist.

Die Normung der Preßstoffe umfaßt die Typisierung, die Kennzeichnung und die Überwachung der Fertigung. Die genormten Typen sind in den Typentafeln der Normblätter niedergelegt. Gekennzeichnet werden die typgemäßen Preßstoffe durch die Kurzzeichen der betreffenden Typen. Diese Kurzzeichen haben im Laufe der Entwicklung mehrfach Änderungen, Erweiterungen und Streichungen erfahren. Die älteren Zeichen bestanden vielfach aus Buchstaben. Sie wurden ersetzt durch Zahlen, die sich dem allgemeinen Rahmen der Dezimal-Klassifikation des Reichswarenverzeichnisses einfügen lassen. Neben den neuen Kurzzeichen werden die älteren zur Erleichterung des Überganges vielfach noch mit aufgegeben.

Die heute gültigen Typzeichen sind abgekürzte Ziffernfolgen der Reichswarennummern für die betreffenden Stoffe. Sie sind teils ganze Zahlen wie z. B. Typ 31 oder Dezimalzahlen wie z. B. Typ 31,5. Die Dezimalstelle dient zur Kennzeichnung besonderer Eigenschaften und kann an jedes Kurzzeichen angehängt werden, wenn der betreffende Typ diese besondere Eigenschaft besitzt. Die Dezimalzahlen haben nachfolgend aufgeführte Bedeutungen:

1 = geringes Schwindmaß
2 = besonders plastisch—elastisch
3 = mechanisch hochwertig
4 = thermisch hochwertig
5 = elektrisch hochwertig
6 = besonders wasserfest
7 = besonders thermisch fest
8 = tropenfest
9 = geschmackfrei, geruchlos usw.
0 = wird nicht mitgeschrieben, weil sie den allgemeinen Typ kennzeichnet.

Die Überwachung der Herstellung und Verarbeitung der Preßmassen ist eine freiwillige Maßnahme, der sich die in der „Technischen Vereinigung der Hersteller

Tabelle 4. *Typentafel für Formpreßstoffe.* (Nach DIN 7708.)

1	2	3	4
Preßstoff-Typ Bezeichnung		Zusammensetzung	Verarbeitungsart
neu	bisher		
11	11	Phenolharz mit anorganischem Füllstoff	Warmpressung
11.5	11*		
12	12		
16	M		
30	O	Phenolharz mit Holzmehl als Füllstoff	
30.5	O*		
31	S		
31.5	S*		
51	Z 1	Phenolharz mit Zellstoff als Füllstoff	
54	Z 2		
57	Z 3		
71	T 1	Phenolharz mit Textilfaser als Füllstoff	
74	T 2		
77	T 3		
131	K	Harnstoffharz mit Zellstoff oder Holzmehl als Füllstoff	
131.5	K*		

typisierter Preßmassen und Preßstoffe e. V." zusammengeschlossenen Fabrikanten zur Sicherung der sachgemäßen Verarbeitung unterworfen haben. Die Überwachung wird ausgeführt von den Materialprüfungsämtern Berlin und Darmstadt. Gegenwärtig gibt es in Deutschland (nach dem Stand vom 1. 1. 1952) 12 Hersteller von typisierten Preßmassen und etwa 200 Hersteller von typisierten Preßstoffen, d. h. Pressereien. Jeder dieser Hersteller besitzt ein besonderes Kennzeichen, das ihm von den Materialprüfungsämtern zugeteilt wird. Die „Technische Vereinigung" veröffentlicht die Namen der Hersteller mit Angabe ihrer Kennzeichen und der überwachten Typen in den Fachzeitschriften. (Kunststoffe Bd. 41 (1951), S. 152, 178, 195). Die aus typisierten Preßmassen hergestellten Preßstücke werden durch das Überwachungszeichen gemäß DIN 7702 (Abb. 14) gekennzeichnet.

Abb. 14. Überwachungszeichen für Formpreßstoffe.

Die Kurzzeichen der Firmen und der Typen werden an den vorgesehenen Stellen eingefügt.

Die typisierten *Schichtpreßstoffe* werden nicht durch das Materialprüfungsamt überwacht. Hier liegt die Fabrikation in der Hand weniger großer Betriebe, die selbst eine Überwachung vornehmen. Die typisierten Schichtpreßstoffe werden durch Aufstempelung des Typkurzzeichens und des Firmenzeichens gekennzeichnet. Beispiel einer Kennzeichnung für Hartpapiertafeln:

Typ 2061 (Kl. II), Hersteller 21.

Die heute in Deutschland eingeführten Typen von hitzehärtbaren Preßmassen und Preßstoffen gehen aus den beiden Typenlisten für Formpreßstoffe und Schichtpreßstoffe hervor (Tabelle 4 und 5).

Tabelle 5. *Typentafel für Schichtpreßstoffe* (nach DIN 7735).

1		2	3	4
Typ				
Neue Bezeichnung für mech. | elektr. Eignung	Bisherige Bezeichnung nach DIN 57 318 (VDE 0318)	Art	Zusammensetzung	Lieferform
2061 —	— 2061.5	Hp II Hp I	Hart-papier	Phenolharz und Zellulosepapier	Tafel
— —	2061.6 2062	Hp III Hp IV			
2061	2161.5	Hp		Harnstoffharz und Zellulosepapier	
2081	2081.5	Hgw G	Hart-gewebe	Phenolharz u. Baumwollgrobgewebe	
2082 2083	2082.5 2083.5	} Hgw F		Phenolharz u. { Baumwollfeingewebe / Baumwollfeinstgewebe	
2091	2091.5	Hgw GZ		Phenolharz u. Zellwollgrobgewebe	
2092 2093	2092.5 2093.5	} Hgw FZ		Phenolharz u. { Zellwollfeingewebe / Zellwollfeinstgewebe	
— —	2065 2067	HP	Hart-papier	} Phenolharz und Zellulosepapier	Gewickeltes Rundrohr
—	2965			Naturharz und Zellulosepapier	
2084	—	Hgw G	Hart-gewebe	Phenolharz u. Baumwollgrobgewebe	
2085 2086	2085.5 2086.5	} Hgw F		Phenolharz u. { Baumwollfeingewebe / Baumwollfeinstgewebe	
2094	—	Hgw GZ		Phenolharz u. Zellwollgrobgewebe	
2095 2096	2095.5 2096.5	} Hgw FZ		Phenolharz u. { Zellwollfeingewebe / Zellwollfeinstgewebe	
	2068	HP	Hart-papier	Phenolharz und Zellulosepapier	Gepr. Rohr Umpressung Vollstab Flachleiste Formstück
2088 2089	2088.5 2089.5	} Hgw F	Hart-gewebe	Phenolharz u. { Baumwollfeingewebe / Baumwollfeinstgewebe	
2098 2099	2098.5 2099.5	} Hgw FZ		Phenolharz u. { Zellwollfeingewebe / Zellwollfeinstgewebe	

Die Zahlenwerte für die Eigenschaften der typisierten Vorschriften weichen vielfach ab von den Werten in den Eigenschaftabellen (Tabelle 2 u. 3). Dieser Unterschied erklärt sich dadurch, daß in den Typenlisten nur die *genormten* Mindest- bzw. Höchstwerte angegeben sind. Die *praktisch erreichbaren* Werte liegen vielfach höher oder auch niedriger. Es darf außerdem nicht vergessen werden, daß bei den genormten Stoffen *alle* Eigenschaften innerhalb der Normengrenzen liegen müssen. Die Erreichung von höheren oder niedrigeren Werten bei *einzelnen* Eigenschaften ist dagegen vielfach nur unter gleichzeitigen Einbußen bei den übrigen Eigenschaften möglich. Der Wert der genormten Typen besteht jedoch darin, daß der Techniker und der Kaufmann in ihnen klar umrissene Werkstoff-Begriffe bekommt, mit denen er arbeiten kann. Wenngleich der größte Teil der hitzehärtbaren Preßmassen und Preßstoffe gegenwärtig bereits genormt und typisiert ist, gibt es daneben doch eine erhebliche Reihe von Sondermassen und Sonderstoffen, welche entweder zur Normung ungeeignet sind oder Neuentwicklungen darstellen, welche noch nicht genormt werden können. Die Gefahr jeder Normung, welche in einer gewissen Erstarrung liegt, darf gerade bei Kunststoffen nicht dazu führen, sich der Einführung von Neuentwicklungen zu verschließen. Das Ausland ist in seinem Normenwerk auf vielen Gebieten bereits weiter fortgeschritten als Deutschland. Es hat vielfach auch andere Wege gewählt und andere Abgrenzungen für Typen und Qualitäten eingeführt. Die Berücksichtigung der Auslandsnormen bedingt gleichfalls eine bewegliche Gestaltung der Erzeugung, welche der Gefahr der Erstarrung vorbeugt.

Die Normung auf dem Gebiete der hitzehärtbaren Preßstoffe umfaßt außer der bereits genannten Typisierung noch weitere Normen, die sich auf die Gebiete der Toleranzen, Prüfverfahren und Werkzeuge beziehen. Tabelle 6 gibt die deutschen Normen an.

Tabelle 6. *Verzeichnis der Normen über hitzehärtbare Kunststoffe.*

Preßmassen, Preßstoffe.

DIN 7702	Überwachungszeichen.
DIN 7704	Härtbare Preßmassen, Allgemeines
DIN 7705	Formpreßteile.
DIN 7706	Hartpapier und Hartgewebe.
DIN 7707	Kunstharzpreßholz.
DIN 7708	Preßstoffe. Typentafel.
DIN 7735	Schichtpreßstofferzeugnisse aus Hartpapier und Hartgewebe.
DIN 7736	(Entwurf) desgl., Abnahme- und Prüfverfahren.
DIN 57318	Regeln für Hartpapier und Hartgewebe.
DIN 57320	Regeln für Formpreßstoffe.

Halbzeug und Preßteile.

DIN 7703	Preßstoff-Lager.
DIN 7709	Einpreßmuttern, Einpreßbuchsen.
DIN 7710	Preßteile, Toleranzen.
DIN 7711	Hartgummi.
DIN 7712	Hartgummiplatten.
DIN 7713	Hartgummistangen.
DIN 16902	Preßstoff-Lagerbuchsen.

DIN 40600	Preßspan.
DIN 40605	Hartpapier, Toleranzen.
DIN 40606	Hartgewebe, Toleranzen.
DIN 40607	Wickelrohre, Toleranzen.
DIN 40608	(Entwurf) Preßrohre u. -stäbe, Toleranzen.

Prüfverfahren.

DIN 53451	Herstellung von Proben.
DIN 53452	Biegeversuch.
DIN 53453	Schlagbiegeversuch.
DIN 53464	Schwindung.
DIN 57302	Mech. und therm. Prüfungen.
DIN 57303	Elektrische Prüfungen.
DIN 57308	Luftfeuchtigkeit zur Prüfung.
DIN 57322	Prüfung von Hartgummi.

Werkzeuge.

DIN 16700	Arbeitsverfahren und Arbeitsmittel.
DIN 44920	Elektrowärmegeräte.
DIN 44921	Patronenheizkörper.
DIN 44922	Patronenheizkörper.
DIN 44923	Bandheizkörper.

Das Ausland hat gleichfalls z. T. sehr umfangreiche Normen veröffentlicht. Eine Zusammenstellung dieser Normen befindet sich im Normenheft Nr. 15 des Deutschen Normenausschusses über Gummi-, Kunststoffe und Klebstoffe. Berlin: Beuth-Vertrieb 1951.

3. Handelsbezeichnungen. Bei den Kunststoffen im allgemeinen und im besonderen bei den hitzehärtbaren Preßstoffen hat sich im Laufe der Zeit eine große Fülle von verschiedenen Handelsnamen herausgebildet. Es ist für den Konstrukteur fast unmöglich, sich hinter jedem einzelnen dieser Handelsnamen die genaue Art des damit bezeichneten Produktes zu vergegenwärtigen. Die neuere Entwicklung geht daher dazu über, für dasselbe Produkt bei allen Herstellern und Lieferanten eine zusätzliche gemeinsame Handelsbezeichnung zu schaffen. Träger dieser Bestrebungen sind die wirtschaftlichen Vereinigungen der Kunststoffindustrie in Deutschland.

Die Typisierung und die Normung bilden die Grundlage für die Begriffsbildung und für die Abgrenzung der verschiedenen Qualitäten. Die genormten Typenbezeichnungen geben bei Preßmassen nur eine Abgrenzung der technischen Eigenschaften im Bezug auf mechanische, elektrische und chemische Beanspruchungen. Im Handel sind jedoch noch nähere Angaben über Farbtöne, Harzgehalt, Harzart und evtl. Sondereigenschaften erforderlich. Diese Ergänzungen der Typenbezeichnungen wurden durch Vereinbarungen der wirtschaftlichen Organisationen geschaffen.

Die Bezeichnungen für Preßmassen bauen sich auf Grund dieser Vereinbarungen aus 4 Zahlen auf, welche an die Typbezeichnungen angehängt werden, so daß 6- bzw. 7stellige Ziffernfolgen für die Preßmassen entstehen. Die Bedeutung der einzelnen Ziffern geht aus der Tabelle 7 hervor.

Tabelle 7. *Bezeichnung der Phenol- und Kresolpreßmassen.*

Art der Preßmasse		Harzgehalt		Farbe	
Phenol	1	35% . .	3	weiß, elfenbein, gelb, natur . .	00 bis 09
Phenol ammoniakfrei	2	40% . .	4	braun	10 „ 19
Phenol geschmackfrei	3	45% . .	5	rosa, rot bis mahagoni	20 „ 29
Kresol	4	50% . .	6	grün.	30 „ 35
Kresol ammoniakfrei .	5	55% . .	7	blau	36 „ 39
		60% . .	8	grau bis schwarz	40 „ 49
		100% . .	0	marmoriert und getupft . . .	50 „ 99

Beispiel: 31 1549 = Typ 31 Phenolmasse (1), mit etwa 45% Harzgehalt (5), Farbe schwarz (49).

Zu den für alle Hersteller und Verarbeiter gültigen gleichen Qualitätsbezeichnungen wird noch der Handelsname der betreffenden Einzelfirma hinzugefügt.

Es ist durch die Vereinheitlichung der Qualitätsbezeichnungen möglich, daß die Bezieher mit Sicherheit von allen Lieferanten bei Nennung der gleichen Nummern entsprechende Produkte beziehen können. Auf diese Weise wird die Gefahr einer Verwechslung sehr vermindert und die Überwachung der Herstellung erleichtert. Als Ergänzung für die obengenannte allgemeine Gliederung der Bezeichnungen sind am 1. 6. 51 die in Tabelle 8 aufgeführten Farbtöne als Normen einheitlich festgelegt worden.

Tabelle 8. *Bezeichnungen genormter Farbtöne.*

gelb.	06	mahagoni hell	27
naturfarbig	09	mahagoni dunkel	28
kamelhaarfarbig	11	maigrün	30
lederbraun hell	13	mittelgrün	32
lederbraun dunkel	14	dunkelgrün	33
mittelbraun	15	hellblau	36
kaffeebraun	16	mittelblau	37
elektrobraun	18	marineblau	39
lachsfarbig.	20	hellgrau	43
signalrot.	21	mittelgrau	44
leuchtendrot	22	dunkelgrau	45
dunkelrot	23	schwarz	49
weinrot	26		

Bei den Handelsbezeichnungen der *Schichtpreßstoffe* sind die Qualitätsnummern und Handelsnamen der Firmen bisher vorherrschend geblieben. Die älteren Klassen bzw. neueren Typen-Bezeichnungen umreißen zwar die Werkstoff-Qualität, nicht aber weitere Einzelheiten wie z.B. Farbe, Dicke, Formate. Diese müssen zusätzlich angegeben werden.

II. Verarbeitung und Bearbeitung.

Das Eigenartige in der Technik der Preßstoffe liegt darin, daß die Stoffe durch einen und denselben Vorgang entstehen und geformt werden. Eine Preß*masse* ist eine mehr oder weniger formlose chemische Substanz, die als solche keinen praktischen Gebrauchsartikel darstellt. Sie wird jedoch in wenigen Minuten unter Druck und Hitze in der Form zu einem beliebig geformten, blanken und harten Gebrauchsartikel aus Preß*stoff*. Der Vorgang des Formens und Härtens, durch welchen die Gegenstände entstehen, ist für die Preß*masse* als *Verarbeitung* anzusehen, weil sie dabei eine stoffliche Umwandlung zum Preß*stoff* erfährt. Die weiteren Arbeiten an den Gegenständen aus Preßstoff sind nicht mit stofflichen Veränderungen verbunden und daher als *Bearbeitung* anzusehen.

A. Spanlose Formung.

Die Technik kennt bei vielen Stoffen auch Methoden der spanlosen Formung wie z. B. Gießen, Drücken, Kneten oder Biegen. Bei den hitzehärtbaren Preßstoffen ist diese Art der Formgebung ein einmaliger Vorgang, der gleichzeitig zur Entstehung führt. Zum Verständnis dieses Vorganges sei auf die Darstellung des Wärmeverhaltens in Abb. 1 auf S. 4 verwiesen. Für die hitzehärtbaren Preßstoffe trifft die Kurve 3 zu. Sie unterscheidet sich von den Kurven 1 und 2 dadurch, daß der nicht umkehrbare Härtungsvorgang sich der anfänglichen Erweichung überlagert und schließlich zu einem ausgehärteten Material führt. Diese Erscheinung wird bei der spanlosen Formung technisch ausgenutzt.

Die hitzehärtbaren Preßmassen besitzen alle Voraussetzungen für den Härtevorgang. Auf Grund der vorausgegangenen Aufbereitung brauchen sie nur noch eine kurze Einwirkung von Wärme, um in den unschmelzbaren Härtezustand überzugehen. Man füllt die Preßmasse in eine Form und läßt Hitze und Druck einwirken. Dann vollzieht sich der Vorgang der spanlosen Formung zugleich mit der Härtung. Es ist bezeichnend, daß diese gemeinsame Wirkung von Druck und Hitze schon vor über hundert Jahren bei dem ältesten der hitzehärtbaren plastischen Stoffe, dem Hartgummi, benutzt wurde.

1. Vorgang des Heißpressens. Der Verlauf der Vorgänge in der Form vom Füllen der Form bis zum Ende der Härtezeit läßt sich durch 4 Kurven (Abb. 15) darstellen. Es handelt sich um die zeitliche Änderung von 4 Faktoren, nämlich:

Temperatur, Druck, Fließweg, Härtung.

Als Beispiel wurde eine einfache Becherform gewählt, als Preßmasse eine Phenolharzholzmehlmasse des Typ 31. Der Verlauf der Kurven ist zwecks größerer Anschaulichkeit vereinfacht. Die grundsätzlichen Eigenarten des Verlaufes sind dadurch hervorgehoben. Bei anderen Formen, Preßmassen, Temperaturen und Drucken weichen die auftretenden Kurven von diesem Beispiel ab.

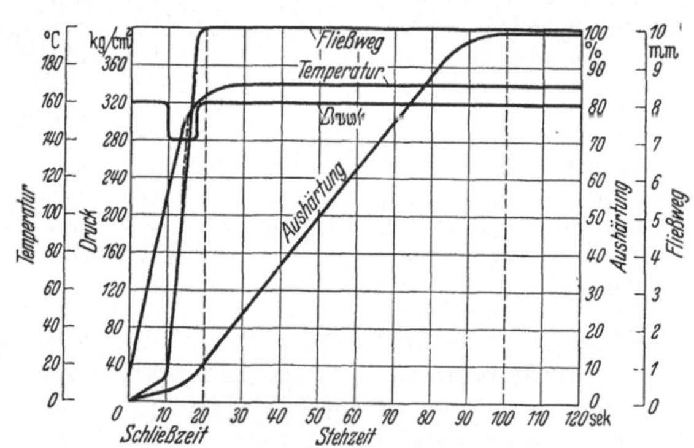

Abb. 15. Vorgänge beim Heißpressen.

a) Der *Fließweg* ist gemessen von dem Punkt an, wo der Druck ansteigt, bis zu dem Punkt, wo die Form geschlossen ist. Das Fließen setzt ein, wenn die Temperatur der Preßmasse so weit gestiegen ist, daß sie erweicht und dem Druck nachgibt. Sie fließt am schnellsten unmittelbar nach dem Erweichen. Es wird langsamer mit längerer Zeit und hoher Temperatur, weil die einsetzende Härtung die Fließfähigkeit herabsetzt. Die Fließweg-Zeit-Kurve gibt ein anschauliches Bild vom preßtechnischen Verhalten der Preßmassen. Die Zeit, während der die Preßmasse fließt, ist die *Schließzeit*.

b) Die *Aushärtung* ist gemessen als Anteil der für den betreffenden Preßstoff erreichbaren Härtung. Die Härtung ist allein abhängig von der Temperatur in der Preßmasse. Die Härte-Geschwindigkeit steigt im Bereich zwischen 120°···180° bei je 10° um das Doppelte an. Bei Erreichung der vollen Formtemperatur in der Preßmasse ist die Härtegeschwindigkeit gleichbleibend. Die Härtung ist bei Eintritt des Formschlusses noch nicht beendet, sondern braucht noch eine bestimmte Zeit länger, die *Stehzeit*.

c) Der *Druck* wird durch die Presse auf die Form übertragen. Bei genügender Leistungsfähigkeit der hydraulischen Druckzufuhr ist kein Absinken des Druckes während des Pressens zu bemerken. Bei begrenzter Zufuhr bzw. mechanischer Druckerzeugung kann ein Absinken während der Zeit des stärksten Fließens eintreten. Dies ist durch die Senkung in der Druckkurve angedeutet. Die Druck-Zeit-Kurve ist dort wichtig, wo mit großen Fließwegen und mit begrenzten Druckleistungen zu rechnen ist.

d) Die *Temperatur* der Preßmasse wird durch drei Wärmequellen bestimmt: *Berührungswärme* von den heißen Formwänden, *Reibungswärme* durch das Fließen unter Druck und *Reaktionswärme* des Härtungsvorganges. Von diesen sind nur die ersten beiden in der Becherform von Bedeutung, die dritte ist erst bei größeren Preßmassemengen zu beachten. Die Erwärmung der Preßmasse wird anfangs vorwiegend durch Berührung mit den Formwänden erzeugt. Sie hängt ab von der Wärmeleitfähigkeit der Preßmasse. Nach Einsetzen der Erweichung tritt die innere Reibungswärme beim Fließen hinzu. Bei der Becherform wird die Preßmasse kalt eingefüllt. Die Anfangstemperatur ist also 20° C. Die Endtemperatur ist gleich der Formtemperatur von 170° C. Die Temperatur der Preßmasse ist bestimmend für die Fließfähigkeit und die Härtungsgeschwindigkeit, damit auch für die Schließzeit und Stehzeit. Durch Vorwärmen der Preßmassen kann ein Teil der Wärmeübertragung außerhalb der Form erfolgen. Dadurch wird die Schließzeit verkürzt. Die Temperatur-Zeit-Kurve ist dann besonders wichtig, wenn man mit erheblichen Reaktionswärmemengen zu rechnen hat.

2. Vorbereitung der Preßmassen. Bevor eine Preßmasse gepreßt und gehärtet wird, müssen gewisse Vorbereitungsmaßnahmen getroffen werden, um sie für das Einbringen in die Formen vorzubereiten: Die Dosierung und die Verformung bzw. Vorwärmung der Preßmassen. Sie richten sich nach der Struktur der Preßmasse, nach der Art der Form und nach den Notwendigkeiten des Preßvorganges.

a) Durch **Tablettieren** werden die Preßmassen verdichtet. Außerdem bieten Tabletten den Vorteil des bequemen, staubfreien Einbringens der Preßmasse in die Füllräume der Formen. Sie enthalten im Gegensatz zum losen Pulver praktisch keine Lufteinschlüsse. Ein Lüften der Presse zur Beseitigung eingeschlossener Gase ist deswegen nicht erforderlich. Ferner kann man Tabletten in größeren Mengen auf Vorrat anfertigen und aufbewahren. Schließlich ist das Vorwärmen von Preßmassen in Form von Tabletten wesentlich leichter und wirtschaftlicher.

Wichtig ist, daß die Stempel der Tablettiermaschinen ein gewisses Spiel (0,2···0,4 mm) besitzen, damit die Luft entweichen kann.

Die Tablettierfähigkeit von Preßmassen ist unterschiedlich. Sie hängt ab von der Weichheit der Preßmassen und wird beeinflußt von der Feuchtigkeit, der Körnung und der Struktur. Nur rieselfähige Preßmassen lassen sich durch Einschütten in die trichterförmige Zuführung der Tablettenpresse verarbeiten. Bei faserförmigen Preßmassen muß zu besonderen Einrichtungen. z. B. Abwiegen der jeweiligen Tablettenmenge, gegriffen werden.

Die Leistungen der Tablettiermaschinen hängen ab von der Größe der Tabletten und der Eigenart der Preßmassen. *Exzentermaschinen* baut man bis zu 25 t Druckleistung bei 4,5 PS Kraftbedarf. Größter Tabletten-Durchmesser = 80 mm und maximale Fülltiefe = 70 mm. Stundenleistung bei einstempeliger Arbeitsweise 1500 ··· 1800 Stück, bei sechsstempeliger Arbeitsweise bis 10 000 Stück mit Tabletten bis 20 mm Durchmesser. *Rundläufer* baut man für Tabletten bis 40 mm Durchmesser und 40 mm Fülltiefe, Druckleistung 15 t, Kraftbedarf 4 PS. Stundenleistung einstempelig bis 24 000 Stück.

b) Kalandern und Spritzen. Für zähe plastische Mischungen, z. B. Hartgummimischungen, bereitet man die Füllmenge für Formen in gleicher Weise, wie sonst in der Gummi-Verarbeitung durch Auswalzen der Mischungen auf Kalandern bzw. durch Spritzen auf Spritzmaschinen vor.

c) Stanzen. Zur Herstellung von abgepaßten Mischungsmengen aus Preßstoffen, welche in Platten, Bahnen oder Furnieren vorliegen, verwendet man Formstanzen. Die dabei abfallenden Randteile werden im Falle plastischer Mischungen erneut zu Platten ausgezogen, im Falle von Bahnen oder Furnieren als regellose Preßmassen weiter verarbeitet.

d) Querschneiden. Zur Herstellung von plattenförmigen und gewickelten Gegenständen aus Preßstoffen, welche in Form von Bahnen vorliegen, verwendet man Querschneide-Maschinen, um von aufgerollten Bahnen bestimmte Längen fortlaufend abzuteilen.

e) Wickeln. Schichtstoffe, aus denen man Rohre und Stäbe pressen will, müssen vorher gewickelt werden. Man kann nach zwei Methoden wickeln, einmal indem man den aufgerollten Schichtstoff direkt von der Rolle abzieht und die Anzahl der Lagen durch Messen oder Zählen der Umdrehungen einstellt, oder indem man mit Bogen arbeitet, die vorher auf dem Querschneider abgeteilt sind. Die Bogen werden je nach der gewünschten Stärke abgewogen und dann zwischen den 3 Rollen der Wickelmaschine gewickelt.

f) Das Vorwärmen muß in jedem Falle stattfinden, bevor ein Preßstoff plastisch verformt wird. Bei kleinen Teilen wärmt man in den meisten Fällen in der Form selbst unmittelbar nach dem Einfüllen vor, während des Zusammenfahrens der Form. Die Formtemperatur wird durch die verhältnismäßig geringe Menge nicht merklich herabgesetzt. Möglich ist diese Maßnahme auch noch bei etwas größeren Teilen, indem man nach dem Füllen die Form zunächst mit geringem Druck eine kurze Zeit stehen läßt und erst nach erfolgter Durchwärmung den Druck auf seine volle Höhe bringt. Die Steigerung der Preßmasse-Temperatur von 20···120° C dauert etwa 45···60 sec je nach der Menge der eingefüllten Preßmasse. Diese Zeit verlängert die Gesamtpreßdauer und kann durch Vorwärmen der Preßmasse außerhalb der Form zum größten Teil eingespart werden.

Eine nicht genügend erwärmte Masse wird bei sofort einsetzendem hohem Preßdruck noch teilweise hart in die Formteile hineingepreßt. Das Fließen verläuft ungleichmäßig. Die näher an den Formwänden liegende und daher höher erwärmte Masse fließt vorweg. Die im Inneren liegende, noch nicht durchgewärmte Masse bleibt zurück. Die nicht genügend erwärmte und daher schwerfließende Masse beschädigt unter Umständen die Form oder einzupressende Metallteile.

Die Vorteile, welche durch das Vorwärmen der Preßmassen außerhalb der Form erreicht werden können, liegen angesichts der bedeutenden Steigerung der Fließfähigkeit auf der Hand: Die Preßgeschwindigkeit kann erhöht werden; die Formen werden geschont; das Fließen verläuft gleichmäßiger und die erzeugten Preßstücke besitzen bessere mechanische und elektrische Eigenschaften.

Zum Vorwärmen gibt es vier Methoden: Heizofen mit Luftumwälzung, Heizofen mit Luftdampfgemisch, Infrarotstrahlung, Vorwärmen mit Hochfrequenz.

Das Arbeiten an Heizöfen mit *Heißluft*umwälzung erfordert selbst bei Verwendung von Preßmassen in Form von Tabletten unverhältnismäßig lange Zeit. Tabletten von 50 g auf 90° C vorgewärmt benötigen 20···30 Minuten. Die optimale Hitze einer vorgewärmten Preßmasse mit 120···130° C kann man mit dieser Art Vorwärmung nicht erreichen, da bei höherer Temperatur die Preßmassen außen bereits angehärtet sind, wenn sie im Innern auf die betreffende Temperatur kommen. Der Zeitfaktor im Verein mit der Temperatur, welcher die Härtung der Preßmassen bestimmt, wirkt in diesem Falle störend. Außer der Härtung tritt bei der Luftheizung noch eine zusätzliche Verminderung der Fließfähigkeit infolge Austrocknung ein.

Eine etwas bessere Wärmeübertragung unter Vermeidung der Austrocknung erzielt man an Heizöfen, welche mit einem *Dampfluft*gemisch arbeiten. Hierbei bleibt die Feuchtigkeit der Masse und dabei ihre Fließfähigkeit erhalten. Die Dampfmenge in der Ofenluft wird durch genau bemessene Zugabe von Wasser geregelt. Die Feuchtigkeit in den vorgewärmten Preßmassen soll nicht mehr als $\pm$ 0,5% vom Ausgangswerte abweichen.

Es kann jedoch eine gewisse Beeinträchtigung der elektrischen Eigenschaften unter Umständen durch die Feuchtigkeit eintreten. Das Vorwärmen mit Dampf beschränkt sich daher auf solche Fälle, bei denen elektrische Eigenschaften nicht im Vordergrund stehen oder sogar Leitfähigkeit besteht.

Infrarotlicht kann zum Vorwärmen von Preßmassen bei nicht zu dicken Schichten verwendet werden. Die Strahlen sollen dabei stets unter einem schiefen Winkel einfallen, da bei senkrechter Bestrahlung örtliche Überhitzungen eintreten können. Auch durch Bewegen der Preßmasse im Strahlenfeld erreicht man eine raschere und gleichmäßigere Erwärmung. Das Infrarotlicht wirkt gleichzeitig auch trocknend, was in vielen Fällen erwünscht ist.

Am günstigsten zum Vorwärmen sind *Hochfrequenz*-Wechselströme. Im Wechselfeld zwischen zwei elektrischen Leitern des Hochfrequenzerzeugers zeigen die Preßstoffe die Erscheinung des dielektrischen Verlustes. Hierbei wird ein Teil der elektrischen Energie in Wärme umgesetzt. Dieser Teil ist um so höher, je größer der dielektrische Verlustfaktor ist. Unterschreitet der Verlustfaktor den Wert von 0,01, so sind die Stoffe nicht mehr geeignet für eine Vorwärmung mittels Hochfrequenz. Stoffe mit merklicher elektrischer Leitfähigkeit, wie z. B. Graphitpreßmassen und feuchte Massen, geben Durchschläge und eignen sich daher gleichfalls nicht.

Tabelle 9 gibt die Verlustfaktoren für eine Reihe von Preßstoffen an:

Tabelle 9. *Verlustfaktoren von Kunststoffen.*

Phenolharz ohne Füllstoff	0,027	Melaminharz-Preßmasse mit Zellstoff	0,07
Phenolharz Preßmasse Typ 31	0,05	Polyvinylchlorid	0,015
Harnstoffharz-Preßmasse Typ 131	0,04	Polystyrol	0,0003

Die übliche Frequenz ist 15···30 MHz[1] bei einer Feldstärke von 1000···3000 Volt/cm. Die erforderliche Wärmemenge muß aus der Leistung der Geräte auf der Hochfrequenzseite geliefert werden. Neuzeitliche Geräte leisten bei üblichen Phenolholzmehlpreßmassen und Erwärmung von 20° auf 120° C etwa 5 g je min und kW. Die Geräte müssen so gebaut sein, daß sie beim Füllen und Herausnehmen der Preßstoffe zwangsläufig die Hochfrequenzströme abschalten.

Der Hochfrequenzvorwärmer soll möglichst nahe an der Presse stehen, damit sich die vorgewärmte Preßmasse auf dem Weg zur Presse nicht unnötig abkühlt. Es ist in jedem Falle besser, eine Preßmasse schnell und möglichst hoch vorzuwärmen, als langsam. Bei zu langsamem Vorwärmen wird der Preßmasse zu viel

---

[1] MHz = Mega-Hertz (10^6 Hertz); Hertz = Anzahl Perioden (Doppelschwing. je sek).

Feuchtigkeit entzogen und die Fließfähigkeit herabgesetzt. Die Wärme entsteht beim Vorwärmen im Hochfrequenzfeld im Inneren der Preßmasse. Dadurch unterscheidet sich diese Art Vorwärmung grundlegend von anderen Methoden, bei denen die Wärme von außen her übertragen werden muß. Die Schnelligkeit der Erwärmung ist nicht von der Wärmeleitfähigkeit der Masse abhängig, sondern von der Wirksamkeit des elektrischen Feldes. Zweckmäßig wärmt man pulverförmige Preßmassen in Form von Tabletten vor.

Das Vorwärmen ist in jedem Falle dann wirtschaftlich, wenn es sich um die Herstellung von dickwandigen großen Stücken handelt. Bei kleinen Teilen und solchen mit gleichmäßigen Wandstärken unter 5 mm ist die Wirtschaftlichkeit unter Umständen fraglich. Wichtig ist auch, daß infolge der wesentlich leichteren Fließfähigkeit der vorgewärmten Preßmassen die Druckleistung der Pressen geringer sein kann oder mit kleineren Pressen größere Teile hergestellt werden können. Eine Ausnutzung dieser Vorteile ist möglich, wenn die Geschwindigkeit des Zusammenfahrens der Pressen genügend groß ist. Bei zu langsamem Pressen vermindert sich die Fließfähigkeit infolge vorzeitiger Härtung.

g) Das Füllen der Preßformen erfordert eine vorherige, möglichst genaue Dosierung der Preßmassen. Man muß je nach der Größe der zu pressenden Teile ein bestimmtes Übergewicht (Tabelle 10) über das Stückgewicht des Preßlings hinaus einfüllen. Dies ist notwendig, damit die Preßmasse unter dem vollen Druck in jede Einzelheit der Form hineinfließt. Die Werte der Tabelle 10 gelten für Preßformen. Bei Preß-Spritzformen ist ein weiterer Zuschlag von 2···3% für den *Anguß* erforderlich. Das Übergewicht bleibt zum Teil als Preßgrat und zum Teil als Anguß am Preßling und muß entfernt werden.

Tabelle 10. Übergewichte beim Füllen.

Stückgewicht g	0···50	50···100	100···500	über 500
Übergewicht %	10	7	5	3

Für das Füllen selbst müssen die Formen mit dem nötigen Füllraum versehen werden, da die nicht ausgehärteten Preßmassen ein wesentlich größeres Volumen besitzen als die fertigen Preßteile. Das Verhältnis des Füllvolumens zum Volumen des fertigen Preßteiles bezeichnet man als *Volumenfaktor* (Tabelle 11). Bei Vorverdichtung der Preßmassen durch Tablettieren oder Strangpressen kommt man mit kleineren Füllräumen aus.

3. Verfahren und Einrichtungen zum Hitzeformen. Die Vereinigung von Formen und Härten in einem Arbeitsgang führt mit folgenden Verfahren zum fertigen Erzeugnis:

Pressen mit allseitig geschlossenen Werkzeugen,
Preßspritzen mit allseitig geschlossenen Werkzeugen,
Strangpressen mit einseitig offenen Werkzeugen,
Schichtpressen mit einseitig offenen Werkzeugen,
Niederdruck-Schichtpressen,
Gießen mit einseitig offenen Werkzeugen.

Tabelle 11. *Volumenfaktoren häufig gebrauchter Preßmassen.*

Preßmasse	Faktor
Phenol-Preß-Harz	2,0 ··· 2,5
Phenolharz-Mineralmehl	2,1 ··· 2,5
Phenolharz-Asbestfasern	2,4 ··· 2,8
Phenolharz-Holzmehl	2,3 ··· 2,7
Phenolharz-Zellstoff	4,0 ··· 5,5
Phenolharz-Gewebeschnitzel	6,0 ···14,0
Harnstoffharz-Zellstoff	2,2 ··· 3,0
Melaminharz-Zellstoff	2,1 ··· 3,1
Melaminharz-Asbestfasern	2,1 ··· 2,5
Melaminharz-Holzmehl	2,2 ··· 2,5
Melaminharz-Gewebeschnitzel	5,0 ··· 10

a) Pressen. Formenarten, Arbeitsweise (vgl. auch DIN 16700). Kennzeichnend ist hier, daß die Preßmasse den Raum zwischen Stempel und Gesenk voll ausfüllen muß. Damit gewinnt der Abschluß der Form eine besondere Bedeutung für den Preßvorgang. Man unterscheidet daher bei den sehr vielgestaltigen Preßwerkzeugen nach der Art dieses Abschlusses die nachfolgend angeführten Gruppen:

Bei der *Überlaufform mit Quetschrand* (Abb. 16) fließt die Preßmasse beim Zusammenfahren der Form über den Rand und bildet hier einen mehr oder weniger breiten Preßgrat, so daß der Inhalt der Form nicht unter den vollen Druck kommt. Die Dicke des Preßgrates ist je nach der Masse verschieden. Die Formen eignen sich daher nur für Artikel mit verhältnismäßig groben Toleranzen. Um ein Ausweichen des Stempels unter dem seitlichen Druck der fließenden Preßmasse zu vermeiden, müssen starke Führungsbolzen verwendet werden. Die Lebensdauer der Formen ist verhältnismäßig groß, weil der Druck nicht sehr hoch und der Verschleiß wegen der meist kurzen Fließwege gering ist. Für Überlaufformen eignen sich schwerfließende Massen mit feinkörnigen Füllstoffen.

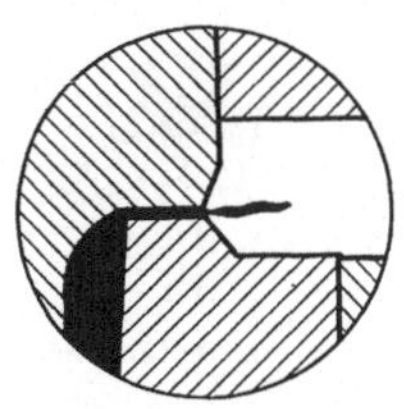

Abb. 16. Randgestaltuug bei Überlaufformen mit Quetschrand.

Die *Überlaufformen mit Füllraum* (Abb. 17) besitzen gleichfalls einen Abquetschrand. Dieser ist jedoch etwas versenkt. Dadurch wird eine bessere Abdichtung des Formrandes erreicht. Außerdem ergibt die Vertiefung eine bessere Führung des Stempels. Die Form benötigt nicht so starke Führungsbolzen, wie dies beim vorhergehenden Typ der Fall ist. Zweckmäßig ordnet man am Oberstempel Austriebsnuten an. Der Spielraum des Oberstempels soll 0,12 bis 0,36 mm betragen. Die Form eignet sich zur Herstellung von Gegenständen mit genaueren Toleranzen, erfordert jedoch eine genauere Einwaage.

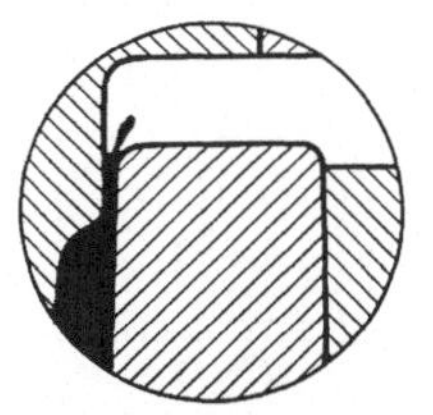

Abb. 17. Randgestaltung bei Überlaufformen mit Füllraum.

Die *Füllraumform* (Abb. 18) wird durch den am Rand der Form aufsteigenden Preßgrat abgedichtet. Durch diese Anordnung wirkt der volle Druck auf die Preßmasse. Der Spielraum des Stempels beträgt 0,12···0,36 mm. Am Stempel werden zweckmäßig Austriebsnuten vorgesehen. Die Toleranzen sind auch in der Druckrichtung gut, wenn die Einwaagen genau waren. Es lassen sich in Formen dieser Art alle Preßmassen verarbeiten, da die Druckentwicklung in jeder Höhe möglich ist.

Die *Füllraumform mit Abquetschrand* (Abb. 19) ist eine Abart der gewöhnlichen Füllraumform. Der Abschluß der Form wird hier aber schon durch Härtung der

Abb. 18. Randgestaltung bei Füllformen.

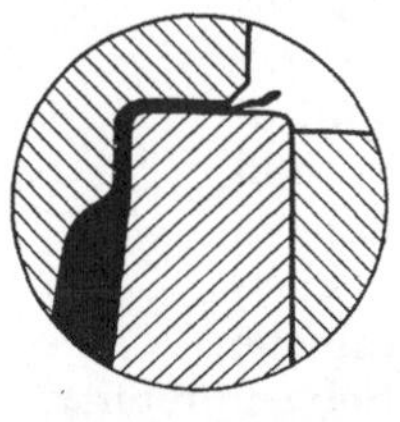

Abb. 19. Randgestaltung bei Füllformen mit Quetschrand.

Masse im aufsteigenden Spalt erreicht. Der Abquetschrand dient nur zum Ausgleich bei Überschuß. Im Abquetschrand werden Nuten und Aussparungen zur Aufnahme des Austriebs vorgesehen. Formen dieser Art sind für die meisten vorkommenden Zwecke anwendbar, da sie viele Vorteile in sich vereinigen.

Backenformen (Abb. 20) für die Herstellung unterschnittener Gegenstände bestehen aus zwei oder mehreren Teilen, die meistens durch Keilwirkung zusammengeklemmt werden. Geöffnet wird die Form durch Auswerfer, die gegen den Boden der eingekeilten Formteile wirken. Das Entformen der gepreßten Gegenstände geschieht durch Aufkeilen der herausgenommenen Backen. Zur besseren Ausnutzung der Presse verwendet man zweckmäßig zwei Sätze von Backen, welche wechselweise unter der Presse sind.

Einsatzformteile (Abb. 21). Eine kleinere Abart der Backenformen wird vielfach für die Herstellung von unterschnittenen Teilstücken in sonst gewöhnlichen Formen verwendet. Auch hier ist es zweckmäßig, zwei Sätze anzufertigen, damit sich ein Satz außerhalb der Form am gepreßten Stück, der andere in der Form am nächsten Stück befindet.

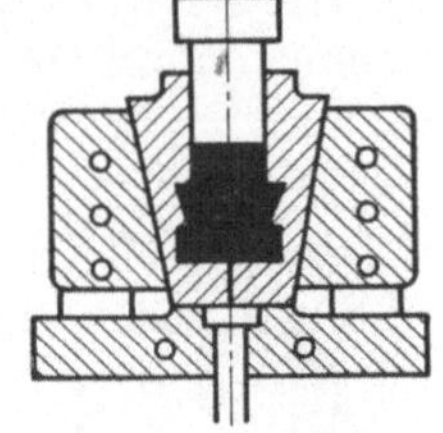
Abb. 20. Backenform.

Seitenschieber zur Herstellung von Kerbringen, Löchern, Durchbrüchen usw., welche nicht in Preßrichtung liegen, werden zur Vermeidung von Beschädigungen beim Öffnen der Form zwangsläufig durch Stifte oder Nocken zurückgezogen. Sie bleiben in der Form, während das Preßstück herausgenommen wird.

Untergesenkformen (Abb. 22). Bei Herstellung von Gegenständen, welche klein und gleichartig sind, verwendet man mit Erfolg eine Art Sammelform, bei der ein gemeinsamer Stempel die Preßmasse in viele kleine Gesenke im Unterteil hineindrückt. Zwischen den einzelnen Untergesenken entsteht ein gemeinsamer Grat. Formen dieser Art sind nur für feinkörnige Massen geeignet.

Ringformen. Zur Herstellung von ringförmigen Gegenständen verwendet man Formen mit feststehendem Innenkern und ringförmigem Stempel. Die Füllung erfolgt zweckmäßig durch ringförmige Tabletten. Der Kern steht im Gesenk fest und wird außerdem noch durch den Ringstempel geführt. Diese Hohlkörper werden zentrisch, da sich der Kern seitlich nicht verschieben kann.

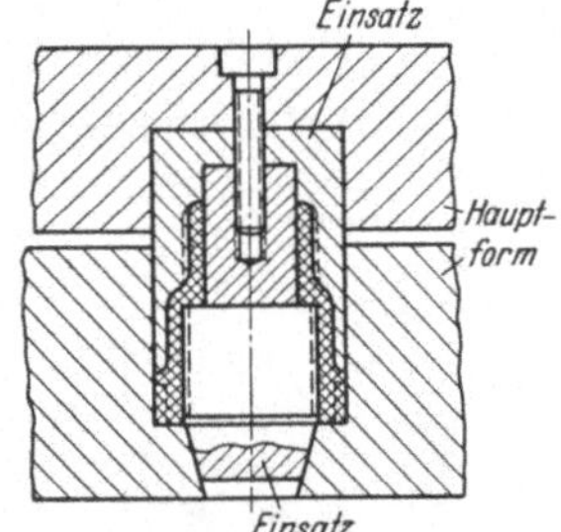

Abb. 21. Gewindeeinsatz in Preßform.

Zwischen den verschiedenen Arten von Formen kommen alle denkbaren *Kombinationen* vor. Bei der Herstellung von Gegenständen durch Pressen kommt es jeweils darauf an, die zweckmäßigste Lösung des Formproblems zu finden. Neben Einzelformen verwendet man auch Mehrfachformen. Hier gibt es einige bewährte Grundsätze. *Einzelformen* sind zweckmäßig bei großen Teilen, kleinen Mengen und verwickelten Teilen. *Mehrfachformen* lohnen sich für kleine Teile, große Mengen und einfache

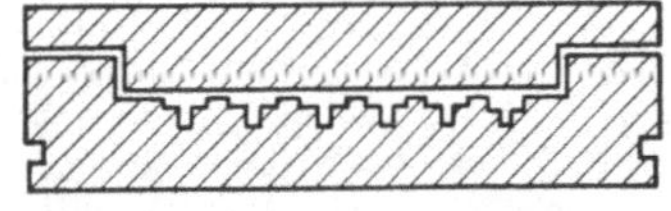
Abb. 22. Untergesenkform.

Teile. Die Hauptmenge der Formen für Schnellpreßmassen wird als *Maschinenformen* fest eingebaut in den Pressen benutzt. Daneben gibt es jedoch auch *Handformen*, welche zwischen Heizplatten nur solange stehen, bis die Formung und Härtung durchgeführt ist. Vorteilhaft sind Handformen, wenn sie verhältnismäßig klein, leicht gebaut und für kleine Mengenleistungen vorgesehen sind. Weiterhin kann unter der gleichen Presse mit verschiedenen Handformen nacheinander oder nebeneinander gearbeitet werden.

b) Das Preßspritzen unterscheidet sich vom Pressen darin, daß beim Preßspritzen zwei verschiedene Hohlräume statt eines benutzt werden. Der eine Hohlraum der Preßspritzform dient zur Verflüssigung der Preßmasse, während der oder die weiteren Hohlräume zur Formgebung der Gegenstände dienen. Nach der Art ihrer Teilung gibt es zwei Hauptgruppen von Formen, mit Keilschluß und mit Kolbenschluß.

Spritzformen mit Keilschluß (Abb. 23) sind die erste Entwicklungsstufe der Preßspritzformen, entstanden aus der Backenform (Abb. 20). Die Verflüssigungskammer im oberen Teil ist von dem eigentlichen Raum durch eine Düse getrennt. Die Preßmasse wird in die Verflüssigungskammer eingefüllt und durch den Kolben unter Hitzeeinwirkung und Druck verflüssigt und in den Formraum hineingedrückt.

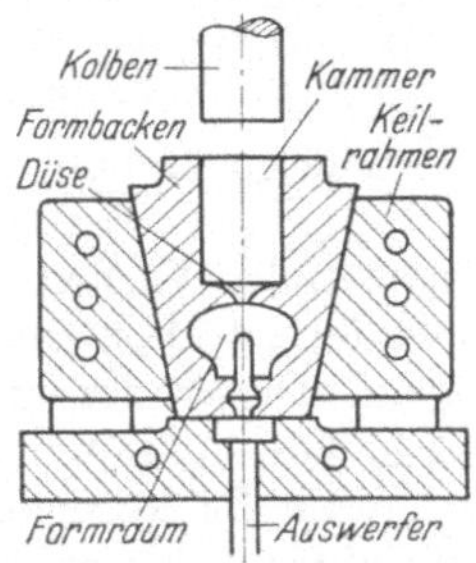

Abb. 23. Preßspritzform mit Keilschluß.

Der Spritzdruck bewegt sich aus Gründen der Fließfähigkeit der Massen zwischen 1200···1400 kg/cm². Zusammengehalten werden die Formbacken durch Hineindrücken in den keilförmig gestalteten Rahmen. Die Backenfutter müssen sehr kräftig sein. Die Neigung der Keilwinkel ist für das einwandfreie Arbeiten des Keilschlusses von entscheidender Bedeutung. Keilneigungen unter 10° sind unzweckmäßig, da Gefahr des Festkeilens besteht. Bei zu großen Keilneigungen besteht Gefahr des Ausweichens der Backen aus dem Rahmen. Der günstigste Arbeitsbereich liegt zwischen 12° und 15° Neigungswinkel.

Die Trennfuge ist sehr stark beansprucht, da die Masse unter dem hohen Druck in der Verflüssigungskammer dazu neigt, in die Fuge einzudringen. Formen dieser Art sind wegen ihrer Nachteile nur noch selten in Gebrauch.

Spritzformen mit Kolbenschluß (Abb. 24). Die Einzelteile der Anordnung können bei den einzelnen Formen verschieden sein. Der allgemeine Aufbau ist jedoch ähnlich.

Die Aufgaben für die Formteile sind aufgeteilt. In der Verflüssigungskammer wird die Preßmasse unter Wirkung von Druck und Hitze verflüssigt und durch die Düse in die Gegenstandsform hineingespritzt. Die Gegenstandsform wird durch den Schließdruck zusammengehalten. Der Schließdruck ist unabhängig vom Spritzdruck einstellbar. Die Anordnung kann je nach der Gestalt des Artikels und der verwendeten Presse so getroffen werden, daß die Spritzkammer entweder von oben, d. h. abwärtsspritzend oder von unten, d. h. aufwärtsspritzend arbeitet. Der Spritzdruck erreicht je nach Art der Preßmasse Größenordnungen bis zu 1400 kg/cm² Kolbenfläche. Die Zuhaltekraft der Formenbacken muß deswegen stets größer sein als die Kraftwirkung des Spritzdrucks, wenngleich ein großer Teil des Spritzdrucks durch die Gestalt der Form abgefangen wird, so

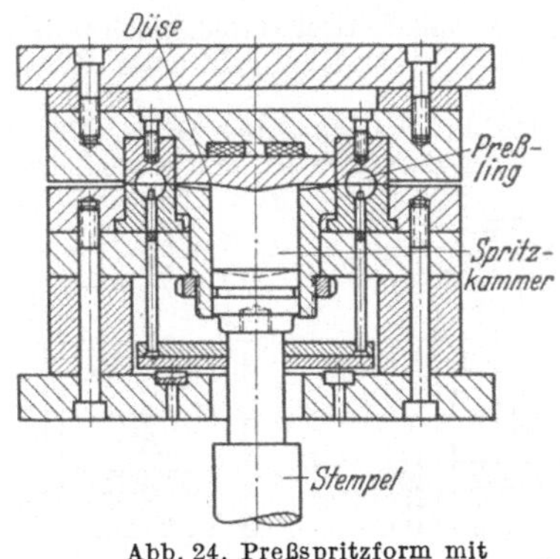

Abb. 24. Preßspritzform mit Kolbendruckschluß.

rechnet man doch die Zuhaltekraft um mindestens 50···70 % höher als die Spritzdruckkraft.

Für einen guten Wirkungsgrad der Verflüssigungskammer muß der Durchmesser und die Höhe der Kammer abgestimmt werden auf das Volumen der Preßteile. Hierfür gilt die Faustregel

$$D = \sqrt[3]{V}.$$

Hierbei ist D der Durchmesser des Kolbens in cm und V das Volumen der Preßstücke in cm³.

Die Anwendung der Preßspritzformen ist vorteilhaft bei verwickelten und dickwandigen Preßstücken, bei solchen mit unterschiedlichen Stärken und bei Preßteilen mit dünnen Bohrungen. Da beim Preßspritzen das Material aus der Verflüssigungskammer im Zustande völliger Erweichung in die Gegenstandsform hineinfließt, werden auch empfindliche Einsätze und Dorne nicht beschädigt.

Weitere Vorteile des Preßspritzens sind die Verkürzung der Härtezeit und eine Verbesserung der Oberflächen der Preßstücke. Die Anfertigung der Formen für das Preßspritzen wird dadurch erleichtert, daß man die Formen aus verhältnismäßig einfachen Teilstücken zusammensetzen kann. Man braucht sie nicht aus dem vollen Material herauszuarbeiten. Enge Toleranzen werden durch das stets gleichmäßige Schließen der Formteile ermöglicht.

Als Nachteil des Preßspritzens ist der höhere Masseverbrauch infolge Verlustes an Material in der Düse und am Kolben anzusehen. In vielen Fällen ist auch eine geringere Festigkeit der preßgespritzten Gegenstände festzustellen. Dies rührt her von einer Orientierung der Preßmasse infolge der sehr starken Fließerscheinungen. Es kann jedoch auch eine Steigerung der Festigkeit in bestimmten Richtungen durch die Ausrichtung von faserigen Harzträgern quer zur Fließrichtung eintreten.

Verwendbar für Preßspritzen sind Preßmassen aus Phenol-, Harnstoff- und Melaminharzen mit feinkörnigen und auch mit faserigen Harzträgern. Bei grobfaserigen Massen müssen genügend weite Düsen genommen werden, um Zerkleinerung der Fasern zu vermeiden. Bei Melamin- und Harnstoffmassen muß durch genügend weite Düsen und hohen Druck für schnelles Fließen gesorgt werden, um gut ausgeformte, dichte Preßstücke zu erzielen.

Die Art der Presse spielt für die Anordnung der Formen beim Spritzpressen eine entscheidende Rolle. Man benötigt zum Spritzpressen mehrere unabhängig voneinander wirksame Druckstufen. Zur Lösung dieser Aufgabe hat man verschiedene Wege eingeschlagen.

Fester Spritzkolben im Oberteil (Abb. 25): Bewegliche Platte mit Spritzkammer nach unten gerichtet, Formkammer auf beweglichem Unterstempel. Beschickt wird bei geöffneter Presse von oben in die Spritzkammer.

Hilfsspritzkolben im Oberteil (Abb. 26): Bewegliche Platte mit Spritzkammer in der Mitte, Formkammer auf Kolben im Unterteil. Beschicken der Spritzkammer in der beweglichen

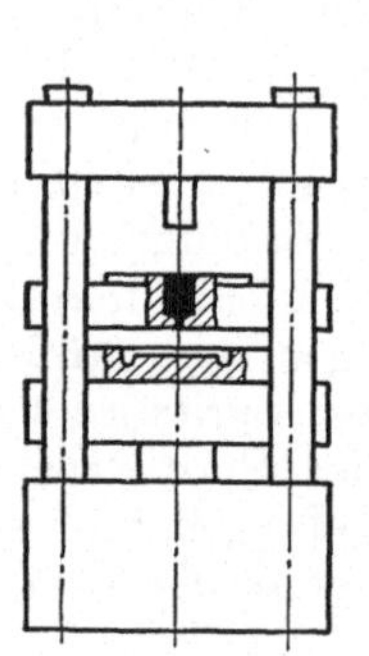

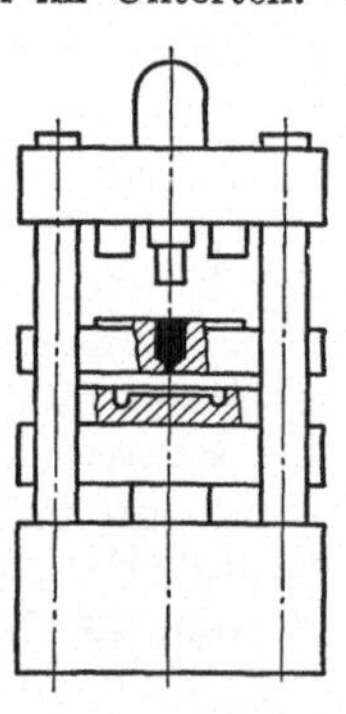

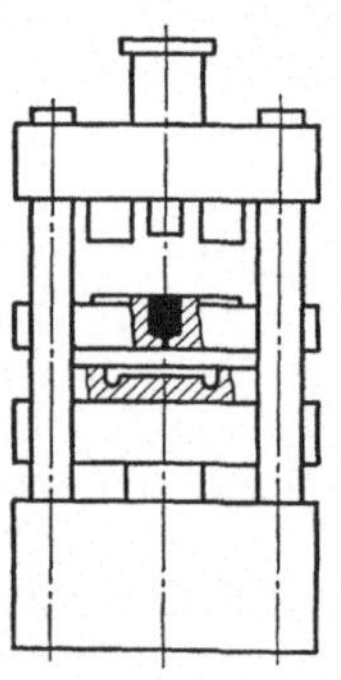

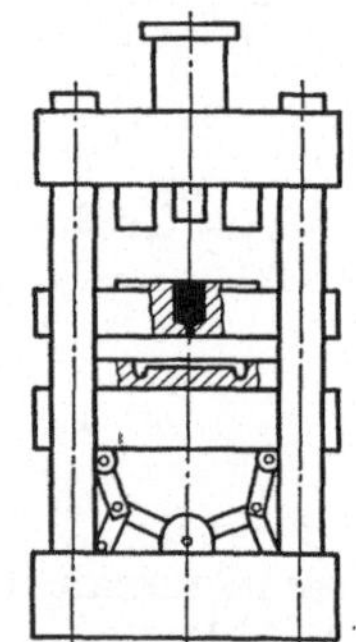

Abb. 25. Aufbau mit festem Spritzkolben oben.

Abb. 26. Aufbau mit Hilfsspritzkolben oben.

Abb. 27. Aufbau mit zwei Druckstufen in Zweikolbenpresse.

Abb. 28. Aufbau mit einer Druckstufe in Zweikolbenpresse.

Platte von oben. Pressen dieser Art lassen sich durch Auswechseln des Pressenkopfes aus üblichen Pressen herrichten.

Zweikolbenpressen (Abb. 27): Ein Kolben im Oberteil für die Betätigung des Spritzkolbens, ein zweiter im Unterteil für den Formenschluß. Verflüssigungskammer in der beweglichen Platte zwischen den beiden Kolben. Der Unterschied zwischen den Druckstufen für Spritzdruck und Schließdruck kann entweder durch zwei verschiedene Druckstufen erreicht werden oder durch eine Druckstufe (Abb. 28), indem man die Wirkung für den Schließdruck durch Kniehebelübertragung verstärkt. Der Spritzdruck soll nicht mehr als 25% des Schließdruckes betragen.

Doppelkolbenpresse (Abb. 29): Spritzkolben in den Schließkolben eingebaut, wirkt von unten nach oben. Verflüssigungskammer in der beweglichen Mittelplatte. Beschickung durch Auflegen von Tabletten auf die Spritzkolbenfläche. Druckverteilung zwischen Spritzdruck und Schließdruck durch passende Bemessung der Kolbendurchmesser.

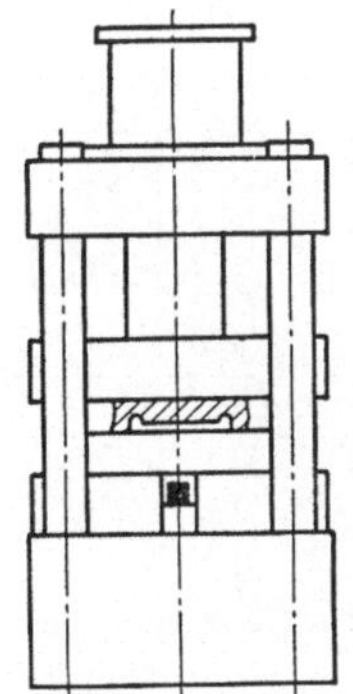

Abb. 29. Aufbau in Doppelkolbenpresse.

Umgekehrte Zweikolbenpresse (Abb. 30): Entstanden aus den gewöhnlichen Zweikolbenpressen, indem Formplatte von oben her betätigt. Spritzkammer in der unteren Platte, durch den Spritzkolben von unten her betätigt. Beschicken durch Auflegen von Tabletten auf die Spritzkolbenfläche. Anordnung vorteilhaft für Teile mit vielen kleinen Einpressungen, da man die Einlagen auf die obere Fläche der unteren Platte legen kann.

Winkelpressen (Abb. 31): Schließdruck durch einen senkrecht wirkenden Kolben von oben oder von unten. Spritzdruck durch waagerechte Kolben erzeugt. Beschickung durch Einlegen von Tabletten in die untere Formhälfte. Trennfuge in Höhe der Spritzkolben. Eine Gefahr für Auseinandergehen der Trennfugen, wie bei der alten Keilform, besteht nicht, wenn eine entsprechend hohe Zuhaltekraft zur Verfügung steht. Die Anordnung eignet sich auch zum Einbau in Pressen für Preßformen.

c) Beim **Strangpressen** wird in einem einseitig offenen Werkzeug (Abb. 32) geformt und gehärtet. Das Strangpressen lehnt sich an das Spritzen von Thermoplasten bzw. das Spritzen von Gummimischungen an. Die Preßmasse wird jedoch

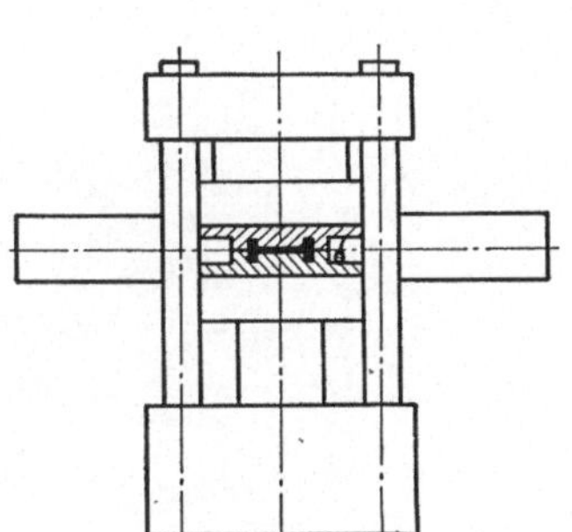

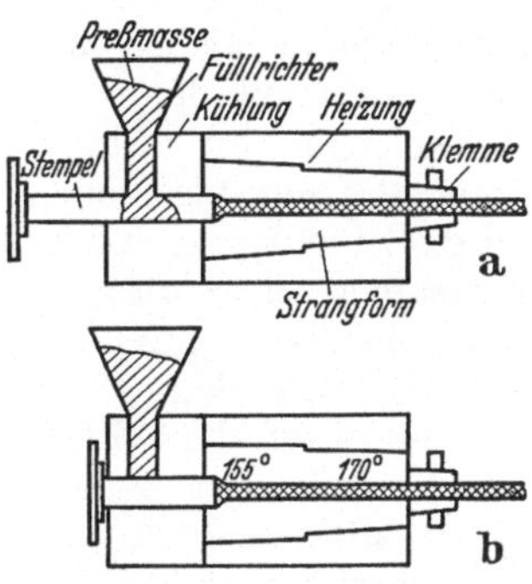

Abb. 30. Aufbau in umgekehrter Zweikolbenpresse.

Abb. 31. Aufbau in Winkelpresse.

Abb. 32. Strangpreßvorrichtung.
a Kolben in Rückzugstellung;
b Kolben in Vorschubstellung.

durch einen stoßweise wirkenden Preßstempel vorgeschoben. Sie wird in den Fülltrichter gefüllt und gelangt in den Heizkanal, dessen Temperatur zonenweise steigend eingestellt ist. Am Ende des Heizkanals befindet sich die Klemmvorrichtung, welche das gewünschte Formprofil enthält. Die Geschwindigkeit des Vorschubs ist so eingestellt, daß der austretende Strang genügend gehärtet ist, um blasenfrei zu bleiben. Durch Druckentlastung zwischen den einzelnen Schüben hat die eingeschlossene Luft Gelegenheit, nach der Füllseite hin zu entweichen. Der austretende Profilstrang ist noch biegsam und kann spiralig oder anderweitig gebogen werden oder er muß in Schienen gerade gerichtet abkühlen. Es können sowohl offene wie geschlossene Profile, ferner auch brettartige Flachleisten gespritzt werden. Die Festigkeit der Strangpreßprofilteile erreicht nicht die entsprechender Teile aus Schichtpreßstoffen, ist jedoch für viele Zwecke ausreichend.

d) **Hochdruck-Schichtpressen.** Beim Schichtpressen kann gleichfalls in einseitig offenen Werkzeugen gearbeitet werden. Die Eigenart der Schichtstoffe liegt darin, daß sie eine geringe Fließfähigkeit in der Schichtrichtung und eine hohe Druckfestigkeit senkrecht zur Schichtrichtung aufweisen. Daher ist es möglich, in Formen ohne geschlossenen Rand zu arbeiten. Wegen dieser beschränkten Verformbarkeit müssen die Schichtstoffe durch Legen, Wickeln oder Zuschneiden vorgeformt werden. Tafeln werden zwischen Blechen meist in mehrfachen Lagen in Etagenpressen gepreßt, Stäbe, Rohre und Profilteile in einseitig offenen Formen (Abb. 33).

Beim Beschicken der Etagenpressen muß man die Stapel sorgfältig ausrichten, damit Rutschen und Auskeilen vermieden wird. Die Größe der Bleche soll die Größe der Bogen nur wenig unterschreiten oder überschreiten. Für das Beschicken von Pressen für größere Formate benutzt man besondere Einschiebe-Einrichtungen, welche die gesamte Beschickung gleichzeitig fassen (Abb. 34).

Format und Dicke bei Platten aus Schichtstoffen sind begrenzt durch die Herstellungsbedingungen. Beim Abkühlen der Tafeln in der Presse zwischen den Formblechen schrumpfen

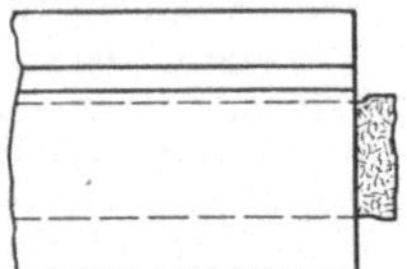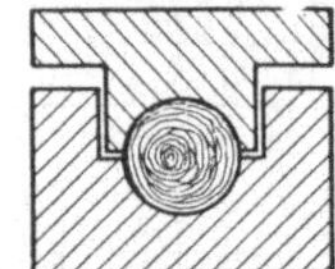

Abb. 33. Preßform für Stäbe.

die Schichtstoffe in Dicke und Breite. Bei Breiten über 1000 mm und Dicken unter 2 mm hat dies Risse in den Tafeln zur Folge. Man begrenzt daher dünnere Tafeln auf Formate unter 800 mm bzw. 600 mm. Allgemein gilt für dickere Tafeln die Regel, daß die Dicke nicht größer als $^1/_5$ der Breite sein soll, damit ein Ausweichen im Stapel beim Pressen vermieden wird. Schichtpressen geht langsamer als Formpressen. Die Übertragung der Wärme von den Heizplatten durch die Schichten hindurch ist der die Zeit bestimmende Faktor. Man benutzt daher mit Erfolg auch langsamer härtende Schichtpreßmassen. Vor dem Öffnen

Abb. 34. Presse für Hartpapierplatten mit Einschiebevorrichtung.

der Plattenpressen muß hinreichend gekühlt werden, damit die Tafeln ohne Blasen bleiben. Der Druck der in den heißen Tafeln eingeschlossenen Gase würde bei heißem Herausnehmen die in der Spaltrichtung schwachen Schichtstoffe auftreiben.

Der Druck auf den Tafelpressen bewegt sich zwischen 80···160 kg/cm².

e) Das Niederdruck-Schichtpressen wird ausgeführt bei Drucken bis zu 30 kg/cm². In vielen Fällen wird sogar nur mit einer Atmosphäre gearbeitet, bzw. unter Luftdruck im Vakuum. Man unterscheidet im wesentlichen folgende 4 Methoden:

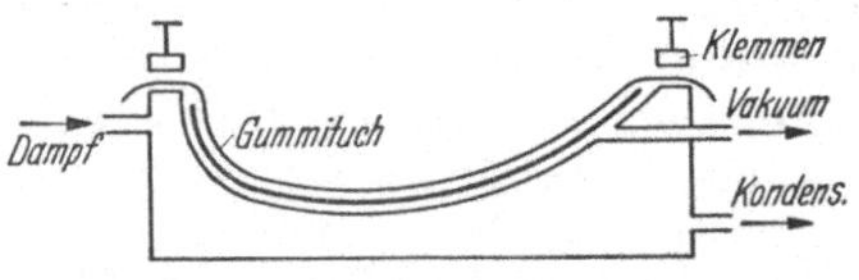

Abb. 35. Niederdruck-Schichtpreßform mit Gummituch.

1. *Gummituch-Methode* (Abb. 35): Die Schichtstoffe werden auf einen Dorn oder in eine Form mit oder ohne vorherige Durchtränkung mit Kunstharz gelegt.

Über das Schichtmaterial wird ein Gummituch gebreitet, welches an den Rändern mit Hilfe von Klammern oder Rahmen luftdicht eingespannt wird. Der Raum zwischen dem Gummituch und der Form wird unter Vakuum gesetzt. Das Gummituch legt sich unter dem Luftdruck fest an den Schichtstoff an und formt ihn gemäß der vorgegebenen Gestalt der Unterlage.

Falls das Harz noch nicht vorher eingebracht war, kann man es auch als Flüssigkeit unter Vakuum einsaugen bzw. zusätzlich mit Überdruck eindrücken. Ebenso ist es möglich, auf das Gummituch zusätzlich zum Atmosphärendruck noch mit Hilfe von Luft, Dampf oder heißem Wasser Druck auszuüben. Zweckmäßig verwendet man für eine Vielzahl von Formen die Heizung in einem Autoklaven.

2. Bei der *Gummisack-Methode* wird im Bezug auf das Einlegen und das Tränken der Schichtstoffe ähnlich verfahren wie bei der Tuch-Methode. Man verwendet jedoch an Stelle des Tuches einen allseitig geschlossenen Sack aus Gummi, in den das Formstück hineingesteckt wird. Das Innere wird wiederum unter Vakuum gesetzt und von außen wird entweder mit Atmosphärendruck in Heißluft oder im Autoklaven bzw. unter Wasserdruck gehärtet.

3. *Geschlossene Formen.* Man arbeitet grundsätzlich ähnlich wie beim Hochdruckpressen. Das Fasermaterial, insbesondere Glasfaser, wird zunächst durch Legen von Matten oder Gewebebahnen trocken vorgeformt. Man kann aber auch lose Fasern auf eine siebartige Vorform aufsaugen.

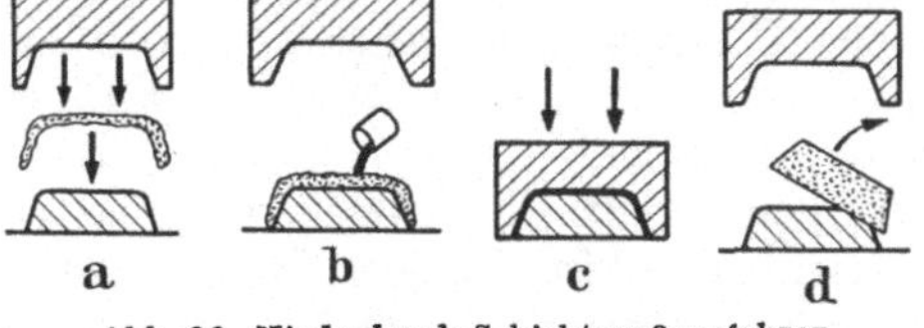

Abb. 36. Niederdruck-Schichtpreßverfahren mit Glasfasern.

a Einlegen des Filzkörpers; *b* Aufgießen des Gießharzes; *c* Pressen; *d* Entnehmen des Preßstückes.

Die vorgeformten und mit geringen Mengen Bindemitteln verklebten Faserformlinge werden dann auf die endgültige Form aufgesetzt bzw. eingesetzt. Die abgemessene Menge von flüssigem Harz wird auf die vorgeformten Faserkörper gegossen und das Ganze dann zusammengepreßt. Der Druck kann durch einen Gummisack oder auch durch einen glatten Stempel in einem entsprechenden Gesenk übertragen werden. Um das Fließen des Harzes zu erleichtern, arbeitet man vielfach nach dem sogenannten Hutpreßverfahren (Abb. 36). Hierbei wird das Harz auf den Kopf des „Hutes" gegossen und fließt dann beim Schließen der Form nach unten.

f) Beim B e l e g e n werden Schichten von härtbaren Kunststoffen auf festen Oberflächen angebracht und dort gehärtet. Man kann zwar auch mit nicht härtbaren Kunststoffen Oberflächen belegen, jedoch haben diese Schichten stets die Neigung zum Fließen; sie lösen sich besonders bei höherer Temperatur wieder ab. Im Gegensatz dazu entstehen durch das Aufhärten von härtbaren Kunststoffen Belagschichten, die unschmelzbar sind und keine Neigung zum Fließen besitzen. Hierin liegt der wesentliche Vorteil solcher Belagschichten gegenüber Schichten aus nicht härtbaren Kunststoffen.

Belagschichten unterscheiden sich gegenüber Lackschichten durch ihre wesentlich größere Dicke und die dadurch mitbedingte Sicherheit gegen Porenbildung. Als härtbarer Kunststoff für Belagschichten wird vor allen Dingen Hartgummi aus Naturkautschuk oder Kunstkautschuk verwendet. Als Unterlage dienen vorwiegend Metalle. Auf Gußeisen, Stahl und Aluminium haften Hartgummiplatten hervorragend. Kupfer muß vor dem Belegen verzinnt werden. Legierter Stahl, rostfreier Stahl und Leichtmetalle geben guthaftende Beläge. Nickel, Gold, Platin bewirken schlechte Haftfestigkeit. Zur Vorbereitung des Belegens müssen die Metalle durch Ausglühen, Auskochen, oder Auswaschen von Fett und Öl, Säuren oder Salzen gereinigt werden. Etwaige Poren in der Metalloberfläche müssen sorgfältig ausgefüllt werden. Nietverbindungen in der zu belegenden Fläche müssen völlig dicht sein. Besser werden sie durch Schweißverbindungen ersetzt. Die

Metallflächen werden mit Bindelösungen bestrichen und angetrocknet. Die gezogenen Mischungsplatten werden passend zugeschnitten und blasenfrei auf die Flächen aufgebracht. Die Härtung oder sogenannte Vulkanisation der belegten Gegenstände erfolgt unter Druck und Hitze im Dampfkessel oder im Trockenkessel.

g) Das Gießen von härtbaren Harzen ist technisch eine Übertragung der für Metall und keramische Massen üblichen Verfahren auf Kunstharze. Die Formen bestehen aus Stoffen, welche gegenüber der verhältnismäßig starken Schrumpfung der Gießharze beim Härten nachgiebig sind. Man verwendet Formen aus Gips, Gummi oder Blei.

Bei Gipsformen wird auf den Gips oberflächlich durch Spritzmetall eine Metallschicht gebracht. Porositäten in dieser Metallschicht werden mit Trennmitteln (Wachs und ähnliches) geschlossen. Neben Gips-Formen können auch Glasformen verwendet werden. Diese sind jedoch nur einmalig zu benutzen, da sie beim Entformen meistens zersplittern. Gummiformen werden in der für die Gummitechnik üblichen Weise hergestellt. Man kann sie insbesondere gut aus Latex durch Elektroplattierung oder auch durch Tauchen herstellen. Schließlich sind auch aus den Polyvinylchlorid-Plastisolen Formen herzustellen, indem man getauchte Matrizen damit überzieht und durch Erwärmung das Plastisol gelatiniert. Formen aus Gummi und Polyvinylchlorid sind allerdings nicht geeignet für Polyesterharz, da das darin vorhandene Styrol das Formenmaterial anquellen läßt.

Bleiformen werden hergestellt als Zugformen, Spaltformen oder Kernformen. Zugformen werden durch Tauchen von Eisenkernen in flüssiges Blei erhalten, Spaltformen durch Abgießen von Stahlformen, Kernformen durch Ausgießen. Bei Zugformen muß eine Steigung von 2:1000 als Mindeststeigung angewandt werden. Weiterhin ist aus Gründen der Zugfestigkeit des Kunstharzes eine Mindestdicke von 3 mm im gegossenen Gegenstand innezuhalten. Bei Spaltformen kann man in gewissem Umfange auch Unterschneidungen dulden. Die Wanddicke sollte bei Gegenständen in Spaltformen nicht unter 4 mm sein. Die Länge ist bei nicht besonders glatten Oberflächen begrenzt.

Die Herstellung von Gegenständen mit Bohrungen ist schwierig, wenn man starre Dorne verwendet, da das Gießharz beim Härten so stark schrumpfen kann, daß es entweder reißt oder die Entfernung der starren Dorne unmöglich wird. Man sollte daher in solchen Fällen elastische Dorne verwenden.

4. Heizeinrichtungen für Pressen und Formen. Die Formen, in denen die Preßstoffe hergestellt werden, müssen neben der eigentlichen Formgebung auch die Härtung bewirken. Zum Härten wird bei den hitzehärtbaren Stoffen Wärme zugeführt. In vielen Fällen ist vor dem Entformen auch eine gewisse Abkühlung notwendig, um die Erzeugnisse genügend formfest zu machen. Als Mittel zur Übertragung von Wärme kommen in Frage Dampf, Heißwasser, Gas, Strom. Für diese Mittel sind außerdem noch die notwendigen Regelorgane vorzusehen.

a) Die Dampfbeheizung erlaubt eine rasche Zuführung von Wärmeenergie in Gestalt der Kondensationswärme. Durch Umschalten ist außerdem das Kühlen mit Wasser bei notwendigem Temperaturwechsel rasch durchführbar. Mit Hilfe des Dampfdruckes läßt sich die höchste Temperatur der Formen mit Sicherheit einstellen. Die latente Wärme des Dampfes wirkt ausgleichend gegenüber plötzlichem stärkerem Wärmeentzug und vermag durch erneute Verdampfung eine gewisse Wärmeabfuhr bei Wärmeerzeugung in den Preßstoffen zu bewirken. Die Zuführung des Dampfes erfordert bei bewegten Formen Rohrleitungen, welche den Formenbewegungen folgen können.

b) Die Heißwasser-Beheizung bedarf derselben Art von Zuleitung wie die Dampfbeheizung. Die Korrosionsgefahr ist jedoch wesentlich geringer, da ein

Wechsel zwischen Dampf und Wasser nicht erfolgt, sondern ein zwangsläufiger Umlauf des Heißwassers. Der Wechsel zwischen Heizzeiten und Kühlzeiten ist gleichfalls durchführbar. Allerdings ist die Umschaltung bei Heißwasser etwas umständlicher als bei Dampf. Die Dichtungen müssen sehr sorgfältig ausgeführt sein, damit Verluste an Heißwasser vermieden werden. Die Rückführung des Heißwassers erspart Verluste, welche sonst durch Kondensat entstehen. Eine feinere Regelung einzelner Pressen, unabhängig von anderen Pressen, ist schwierig. Zweckmäßig arbeitet man mit einer für alle Pressen gleichmäßigen Temperatur.

c) Gasbeheizung. Als Gas wird vorwiegend Leuchtgas verwendet. Neuere Industrie-Brenner arbeiten mit Leuchtgas völlig frei von Rückschlägen und erlauben eine sehr gute Regelung. Der Einbau von Gasbrennern erfordert offene Bohrungen in den zu beheizenden Formen bzw. Heizplatten. Die Einstellung der gewünschten Temperatur erfolgt durch genau arbeitende Mischapparate, welche das Luft-Gas-Gemisch in die Brennerröhren hineindrücken. Mit Hilfe von Gas lassen sich beliebig hohe Heiztemperaturen einstellen, ohne daß druckfeste Heizkanäle verwendet werden müssen. Gas ist außerdem imstande, eine sehr rasche Inbetriebnahme unabhängig von Strom und Dampf herbeizuführen. Als Nachteil ist die Entfernung der Abgase anzusehen. Eine ausreichende Lufterneuerung bei Gasheizung ist wichtig. Die Verteilung der Wärme in den beheizten Formen kann so geregelt werden, daß die Gasbrenner an den der Abkühlung unterworfenen Ecken und Außenseiten der Formen höher gestellt werden. Gasheizung ist vor allen Dingen dann vorteilhaft, wenn fortdauernd die gleichen hochliegenden Temperaturen und der gleiche Wärmeverbrauch vorliegen, Eine raschere Kühlung, als durch Luft bewirkt werden kann, ist dabei schwierig; für eine Wasserkühlung müßte man besondere Kühlbohrungen anbringen.

d) Elektro-Heizung. Die Beheizung von Formen und Platten durch elektrischen Strom ist wegen ihrer außerordentlich vielseitigen Anwendungsmöglichkeiten am weitesten verbreitet. Die Heizkörper sollen in möglichst enger Berührung mit den Formen stehen. Sie haben die Gestalt von Ringen, Streifen und Patronen. Nach Möglichkeit verwendet man Heizpatronen, welche in Bohrungen innerhalb der Formwandungen untergebracht werden können. Bei Verwendung von Heiz-ringen oder Streifen ist man genötigt, die Wärme von außen nach innen wirken zu lassen. Dies ist sowohl vom Standpunkt der Wärmeübertragung als auch der Regulierung nachteilig. Die gewünschte Temperatur ist selbsttätig oder durch Handschalter einstellbar.

Die Regelung kann vereinigt werden mit gleichzeitiger Messung der Temperatur. Man unterscheidet unter den selbsttätigen Schaltgeräten 3 Systeme: Thermostaten, Schiebetransformatoren und Zeitschalter.

Bei Verwendung von *Thermostaten* wird beim Regeln ein Schaltrelais von einem elektrischen Kontakt ausgelöst. Dieser Kontakt arbeitet nach dem Prinzip eines Bimetall-Thermometers. Er befindet sich in der zu beheizenden Form an geeigneter Stelle, die aber für das genaue Arbeiten wesentlich ist. Da die Spannung des Heizstromes nicht verändert wird, wird die aufgenommene Strommenge durch Zu- und Abschalten mit Hilfe des Relais geregelt. Man kann die Schaltung auch so wählen, daß ein Grundstrom mit ununterbrochener Zufuhr von einem Hilfsstrom mit unterbrochener Stromzufuhr ergänzt wird. Auch bei bester Anordnung ist ein Nachhinken der Stromschaltung gegenüber den Veränderungen in der Erwärmung nicht zu vermeiden. Ein Vorteil ist dagegen die selbsttätige Anpassung der Stromzufuhr an wechselnden Verbrauch. Thermostat-Schaltungen sind daher besonders dort angebracht, wo häufige Wechsel in der Wärmeleistung zu erwarten sind.

Stufentrafo. Der Strom für die Beheizung wird nach diesem System aus einem Transformator entnommen, dessen Sekundärspannung einstellbar und daher bei gleichbleibendem Widerstand der Heizelemente für die Heizleistung maßgebend ist. Die Einstellung geschieht unter Kontrolle der Oberflächentemperaturen an der Preßform selbst. Voraussetzung für den erfolgreichen Einsatz ist ein möglichst gleichbleibender Verbrauch. Die einmal gefundenen Einstellwerte lassen sich für jede Form festlegen und können bei Einsatz der betreffenden Form wieder eingestellt werden.

Zeitschalter ergeben eine mit bestimmten Zeitabständen einstellbare stoßweise Stromzufuhr. Die Spannung bleibt dabei konstant. Man kann neben einem nicht unterbrochenen Grundstrom eine Spitzenregelung durch Zeitschalter vornehmen. Man kann auch durch Kopplung des Zeitschalters mit Schaltuhren bestimmte Zu- und Abschaltungen in der Heizung einstellen. Bei Formen mit kleinem Wärmeinhalt ist die Folge der Stromstöße möglichst kurz zu wählen, bei Formen mit größerem Wärmeinhalt kann man längere Perioden einstellen. Es ist möglich, sowohl die Heizzeiten als auch die Zwischenzeiten für sich einzustellen.

Für die *Lage der Thermostaten* in Formen sind einige Gesichtspunkte zu beachten, wenn sie genau arbeiten sollen. Fühler und Bohrung müssen möglichst lang und gleich lang sein. Zwischen Fühlerbohrung und Formoberfläche muß eine durchgehende metallische Verbindung vorhanden sein. Jede Unterbrechung ergibt sprunghafte Temperaturveränderungen in den Grenzflächen. Der Fühler darf weder zu nahe an den Heizelementen liegen, noch zu nahe an den Formoberflächen. Die beste Lage ist etwa in der Mitte zwischen beiden Stellen.

e) Regeleinrichtungen. Die Härtungsbedingungen werden durch Überwachung der Temperatur und der Zeit kontrolliert. Die Temperatur in Preßformen kann mit den allgemein üblichen Temperaturmeßgeräten gemessen werden, also mit gewöhnlichen Thermometern, Thermoelementen, Widerstands- und Bimetall-Thermometern. Bei Dampfheizung kann man zur Kontrolle den Dampfdruck messen.

Die wahre Temperatur an den für die Wärmezufuhr an den Preßstoff maßgebenden Formoberflächen läßt sich durch sogenannte *Schmelzkörper* ermitteln. Diese Schmelzkörper werden von verschiedenen Firmen fertig im Handel geliefert. Es handelt sich um eine Reihe organischer Stoffe, welche gegenüber den Metallen der Formoberfläche harmlos sind. Ihre Schmelzpunkte liegen etwa 5° auseinander (Tabelle 12). Man mißt die Temperatur durch Aufstreuen oder Anlegen der betreffenden Schmelzkörper an die zu prüfenden Formflächen.

Die Heizzeiten kann man durch einstellbare Wecker kontrollieren, ferner durch Schaltuhren, bei denen man die betreffenden Heizzeiten einstellt. Außerdem können durch solche Uhren auch das Schließen und Öffnen der Pressen bzw. verschiedene Druckstufen gesteuert werden. Bei verwickelten Arbeitsabläufen gibt es auch elektrisch betätigte Schaltgeräte mit Steuerung durch Nockenwellen.

Tabelle 12. *Schmelzkörper für Temperaturmessungen.*

Stoff	Schmelzpunkt °C
Phenacetin	135
Phenylendiamin para	140
Amidobenzoesäure ortho	145
Adipinsäure	152
Salizylsäure	157
Chinasäure	162
Mannit	166
Hydrochinon	170
Michlers Keton	173
Kampfer	180

5. Druckeinrichtungen. Zum Formen der Preßstoffe braucht man Druck in verschiedener Höhe, der je nach Art des Betriebes und der örtlichen Verhältnisse mechanisch, hydraulisch, als Luftdruck oder Kontaktdruck erzeugt werden kann.

a) Für kleine Artikel verwendet man mechanische Pressen mit Hebel- oder Kniehebelübersetzung, mit Hand- oder elektrischem Betrieb. Motorpressen werden bis etwa 100 t gebaut, Handpressen bis etwa 50 t. Alle mechanischen Pressen haben feste Endlagen, bei denen der höchste Druck vorliegt. Eine weitere Bewegung der Stempel ist nur in sehr begrenztem Umfange möglich, indem man Federn oder Öldruck als Übertragungsmittel zwischenschaltet, Bereich bis 150 t. Der Druck in der Endlage ist nur solange in voller Höhe vorhanden, bis der geformte Preßstoff seine volle Verdichtung erreicht hat. Wenn der Preßstoff infolge weiterer Verdichtung noch im Volumen abnimmt, sinkt der Druck und es entstehen unter Umständen Schwindstellen. Mechanische Pressen sind einzeln angetrieben, sie sind durch die verschiedenen Schaltgeräte gut regelbar.

b) Der hydraulische Druck[1] benutzt als Druckübertragungsmittel Flüssigkeiten, also Wasser oder Öl. Eine zentrale Druckerzeugung ist möglich. Zweckmäßig werden zwei oder mehrere Druckstufen nebeneinander erzeugt, Fülldruck bis etwa 30 kg/cm², Preßdrucke bis 400 kg/cm². Zum Ausgleich der schwankenden Benutzung und der stoßweisen Pumpenförderung dienen Gewicht- oder Druckluft-Akkumulatoren. Bei zentraler Druckerzeugung ist eine abweichende Einstellung für Einzelpressen schwierig. Sie kann nur durch Reduzierventile erfolgen. Größere Pressen werden zweckmäßig mit Einzeldruckerzeugern ausgerüstet. In diesem Falle ist es zweckmäßiger, Öl als Druckübertragungsmittel zu verwenden. Öle haben eine größere Kompressibilität als Wasser und arbeiten darum gleichmäßiger. Bei Einzeldruckerzeugung ist auch die selbsttätige Zu- und Abschaltung der Druckerzeugung durchführbar. Im Gegensatz zur mechanischen Druckerzeugung hat der hydrauliche Druck keine starre Endlage, sondern drückt gleichmäßig nach bis zur gewünschten Verdichtung der Preßstoffe.

c) Die Erzeugung von Luftdruck ist in vielen handelsüblichen Geräten möglich. Die Druckhöhe übersteigt selten 30 kg/cm². Druckluft ist daher nur für verhältnismäßig geringe Pressenleistungen verwendbar. Vorteilhaft ist beim Luftdruck die sehr rasche Wirkung, ferner die hohe Elastizität und die gute Speichermöglichkeit. Hiervon macht man indirekt Gebrauch beim Druckluftakku für den hydraulischen Druck. Schnellarbeitende Pressen wie z. B. für Nachverformung von Schichtstoffen werden zweckmäßig mit Druckluftkolben ausgerüstet. Die direkte Wirkung des Luftdruckes auf Formstücke wird benutzt beim Niederdruckschichtpressen. Druckübertragung durch elastische Gummitücher. Durch Anwendung von Vakuum auf den Innenraum der Formen benutzt man auch den Luftdruck als Druckquelle.

d) Kontaktdruck. Härtende Kunststoffe machen eine Verringerung ihres Volumens durch, wobei sie stellenweise schrumpfen. Man benutzt diese Erscheinung zum Formen von Preßstoffen, indem man sie mit undurchlässigen Folien belegt, welche beim Schrumpfen fest angezogen werden und auf diese Weise eine gleichmäßige Verteilung des Schrumpfdruckes auf die Oberfläche bewirken.

6. Nachbehandlung von Preßteilen. Bei der Fertigung von Gegenständen durch spanlose Formung im Preß- oder Gießverfahren gehört eine Nachbehandlung zu den Maßnahmen, welche meist unmittelbar im Anschluß an das Pressen ausgeführt werden müssen, um die Gegenstände fertigzustellen. Diese Maßnahmen sind nicht eigentlich als spangebende Bearbeitung anzusehen sondern als Teil der spanlosen Fertigung.

a) Bei vielen Gegenständen muß das *Ausformen* durch entsprechende Konstruktion von Formteilen erleichtert werden. Hierzu gehören Auswerfer, Schieber für Seitenstücke, Gewindeauszieher. Bei der Herstellung von formgepreßten Rohren entfernt man die Dorne durch Dornausziehmaschinen mit Schablonen.

b) Richten. Große Preßteile, welche heiß entformt werden, können sich beim Abkühlen verziehen. Bei genau bemessenen Teilen verwendet man daher zum Abkühlen Hilfsdorne, Gestelle oder Spannrahmen.

c) Tempern. Beim Pressen können insbesondere dann Spannungen eintreten, wenn die Gegenstände unter Druck in den Formen abgekühlt werden müssen. Diese Spannungen können die Festigkeit und die Maße der Gegenstände verändern. Man erhitzt die Gegenstände nach dem Entformen solange und so hoch, daß die

---

[1] Vgl. Werkstattbuch Heft 82: LINDNER, Hydraulische Preßanlagen für die Kunstharzverarbeitung.

Spannungen sich ausgleichen. Die jeweils anzuwendenden Temperaturen richten sich nach der Art der Preßstoffe. Sie liegen in der Nähe der Temperaturen für die Formbeständigkeit in der Wärme (sog. Martens Probe). Diese Werte sind aus der Tabelle auf Seite 12 ersichtlich. Durch das Tempern tritt in vielen Fällen ein sog. Nachschwinden ein. Diese Erscheinung kommt auch bei gewöhnlicher Temperatur vor und wird dann als eine der Ursachen für die Alterung angesehen. Man kann daher durch das Tempern einen Teil der Alterung vorwegnehmen und auf diese Weise Gegenstände mit unveränderlichen Eigenschaften und Abmessungen herstellen.

d) Entgraten. Der Grat entsteht beim Pressen oder Preßspritzen an den Verschlußteilen und Zuführungsstellen der Form. Die Entfernung des Grates ist je nach Stärke und Lage verschieden. Der Anguß beim Preßspritzen wird zweckmäßig durch Abkneifen oder Sägen entfernt, der Preßgrat durch Sägen, Durchstoßen, Schleifen, Feilen, Trommeln oder Polieren. Bei kleinen Gegenständen arbeitet man zweckmäßig mit sechseckigen Fässern, die aus Drahtsieben bestehen. Die Umdrehung der Fässer ist mit 40···70 je Minute am günstigsten. Bei üblichem Grat kleiner Teile dauert dieser Vorgang etwa 10 min.

Für große Reihen gleichartiger Gegenstände lohnt sich die Aufstellung von Schleif-Automaten zum Entgraten.

e) Verwertung von Abfällen. Die bei der Herstellung von hitzehärtbaren Preßstoffen entstehenden verschiedenen Arten von Abfällen sind im Gegensatz zu denen der Thermoplaste in den meisten Fällen völlig ausgehärtet, unschmelzbar und unlöslich geworden. Eine einfache Wiederverwertung scheitert daher an der Unmöglichkeit, sie durch erneutes Heizen wieder plastisch formbar zu machen. Der Preßgrat von Formpreßteilen ist praktisch wertlos. Die Kanten und Enden von Schichtpreßstoffen werden abgesägt und können in sehr begrenztem Umfange wieder verwendet werden, indem man sie zerkleinert und erneut mit Kunstharzen vermischt. Die einzige Verwertung für die Abfälle bleibt die Ausnutzung ihrer Verbrennungswärme. Eine Ausnahme machen die Abfälle aus *Hartgummi*. Diese werden fein gemahlen und lassen sich als Staub erneut in Hartgummimischungen einverleiben. Beim erneuten Härten verschweißen sie völlig dicht mit dem neu zugesetzten Material.

7. Gestaltung von Preßstoff-Gegenständen. a) Bei der Gestaltung von Preßstücken sollen einwandfreie Stücke aus der Form kommen. Dies bezieht sich einmal auf die Vermeidung von preßtechnischen Fehlern, zum anderen aber auch auf die Vermeidung von ungünstigen Gebrauchseigenschaften. Selbst bei einwandfreier Preßtechnik können Fehler infolge falscher Formkonstruktion vorkommen. Es ist nicht Aufgabe des Buches, eine Anleitung zum Bau von Preßformen im einzelnen zu geben. Es können hier nur die bekanntesten Erfahrungen mitgeteilt werden, welche auf alle Fälle zwecks Vermeidung von Fehlern berücksichtigt werden müssen.

Das „Konstruieren in Preßstoffen" ist in vielen Fällen anders als bei Metallen. Der Fertigungsvorgang bei der spanlosen Formung bringt Einflüsse mit sich, welche im fertigen Artikel nachwirken und unter Umständen ungünstige Verteilung von Festigkeitseigenschaften bewirken. Fließvorgänge und Härtungsvorgänge beeinflussen die Festigkeitseigenschaften der Preßstoffe. Auch die Formabnutzung spielt hierbei eine wichtige Rolle. Schließlich sind auch die Formkosten und die formtechnischen Möglichkeiten zu beachten. Nachfolgend werden an Hand von Falsch- und Richtig-Bildern einige der wichtigsten Erfahrungen bei der Gestaltung von Preßteilen wiedergegeben.

Wandstärken und Querschnitte.

Regel: Gleichmäßige Wandstärken anstreben.

<table>
<tr><td align="center">Falsch:</td><td align="center">Richtig:</td></tr>
<tr><td>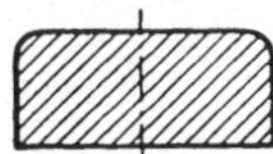</td><td>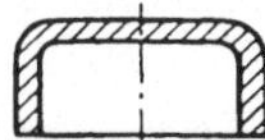</td></tr>
<tr><td align="center">Abb. 37. Querschnitt unnötig stark,
Härtung dauert lange.</td><td align="center">Abb. 38. Preßstück ausgespart auf preßgerechte
Wandstärke, gleiche Festigkeit, spart Zeit u. Material.</td></tr>
<tr><td>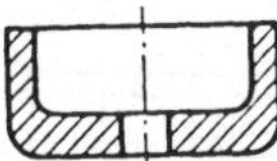</td><td>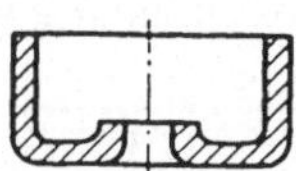</td></tr>
<tr><td align="center">Abb. 39. Ungleiche Querschnitte ergeben ungleich-
mäßige Aushärtung.</td><td align="center">Abb. 40. Gleichmäßige Wandstärken, gut ausgehärtete
Preßteile, höhere Festigkeit.</td></tr>
<tr><td></td><td></td></tr>
<tr><td align="center">Abb. 41. Fußanordnung unnötig dick.</td><td align="center">Abb. 42. Bessere Anordnung mit gleichen Wand-
stärken.</td></tr>
<tr><td>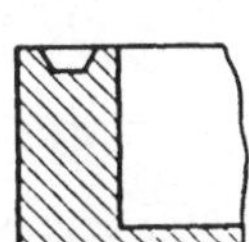</td><td>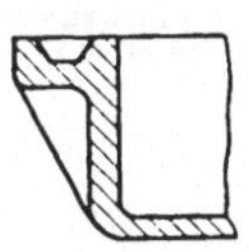</td></tr>
<tr><td align="center">Abb. 43. Randverdickung unnötig.</td><td align="center">Abb. 44. Gleiche Festigkeit bei geringerem Preßmasse-
verbrauch.</td></tr>
</table>

Ecken und Kanten.

Regel: Scharfe Übergänge vermeiden.

<table>
<tr><td>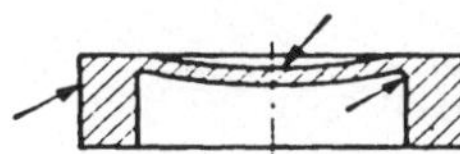</td><td>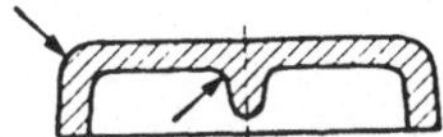</td></tr>
<tr><td align="center">Abb. 45. Scharfkantiger Preßling mit verdicktem
Rand, ungleichmäßige Festigkeit.</td><td align="center">Abb. 46. Gebogene Profile gleichmäßiger Stärke,
höhere Festigkeit.</td></tr>
<tr><td>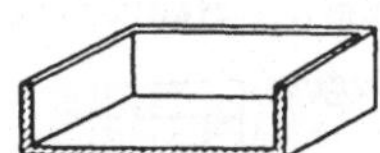</td><td>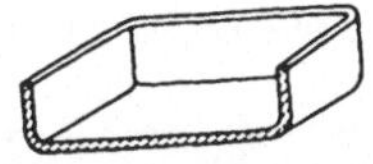</td></tr>
<tr><td align="center">Abb. 47. Scharfkantiger Preßling, erhebliche Schwie-
rigkeit beim Entformen.</td><td align="center">Abb. 48. Gut abgerundete Innen- und Außenkanten,
leichtes Fließen der Preßmasse, leichtes Entformen.</td></tr>
</table>

Flächen in Preßrichtung.

Regel: Flächen in Preßrichtung sind gegen die Preßrichtung zu neigen. Günstigste Neigung 1 : 100. Nach dem Rande zu Wandstärken verjüngen.

<table>
<tr><td>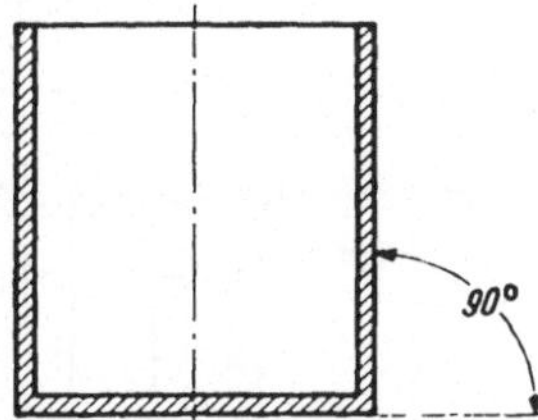</td><td>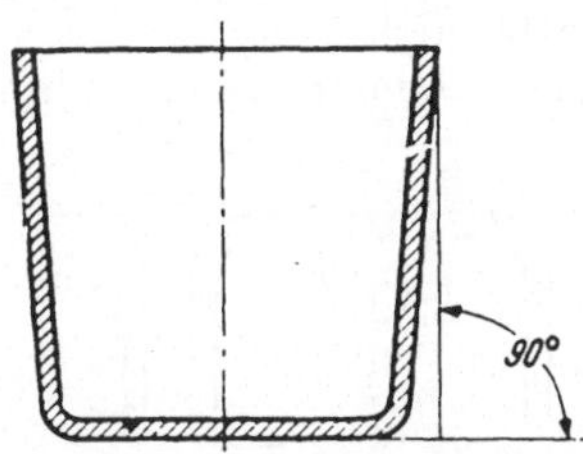</td></tr>
<tr><td align="center">Abb. 49. Rechtwinklig stehende Flächen in Preß-
richtung erschweren das Entformen.</td><td align="center">Abb. 50. Ausreichendes Neigen und Verjüngen gibt
leichtere Entformung und größere Festigkeit.</td></tr>
</table>

Falsch: **Richtig:**

Große Flächen.

Regel: Versteifung durch Anbringung von Rippen vorsehen. Versteifung durch Wölben der Flächen anstreben. Scharfe Kanten vermeiden. Fließmarken durch Gegenrippen vermeiden.

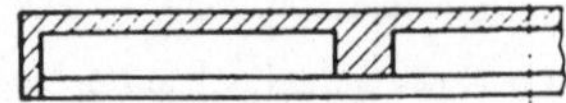

Abb. 51. Rippe mit scharfen Übergangskanten ergibt kerbempfindliche Fläche.

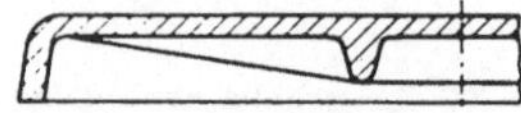

Abb. 52. Rippe mit gerundeten Übergangskanten besitzt höhere Festigkeiten.

Abb. 53. Rippe in Höhe der Auflagefläche wird beim Schleifen beschädigt.

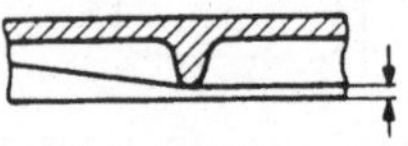

Abb. 54. Gerundete, zurückspringende Rippe ermöglicht einwandfreie Auflageflächen.

Abb. 55. Dünnwandige Flächen ohne Abstützung können einfallen.

Abb. 56 u. 57. Versteifung der Flächen durch Rippen oder Wölbung.

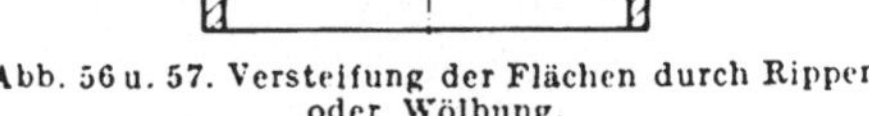

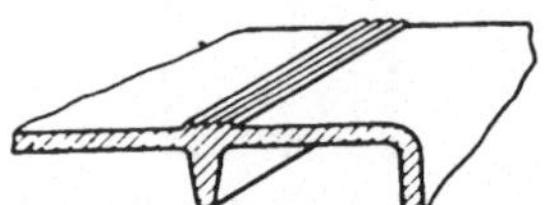

Abb. 58. Fließmarken über Rippen durch Anbringung von Riffelung auf der Gegenseite zu vermeiden.

Abb. 59. Verstärkung durch Anbringung von Gegenrippen.

Ränder.

Regel: Scharfe Kanten an den Rändern vermeiden, Verdickung der Ränder unzweckmäßig.

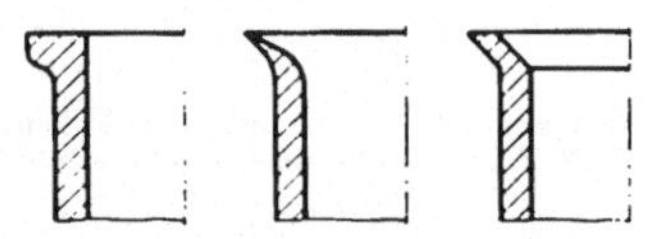

Abb. 60. Ränder verdickt, unnötig zugespitzt, scharf gebrochen.

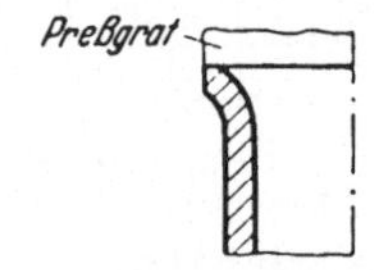

Abb. 61. Gleichmäßig starker Rand, Preßgrat in Preßrichtung, gute Festigkeit, leichtes Entgraten.

Auflageflächen.

Regel: Unterteilung größerer Auflageflächen anstreben.

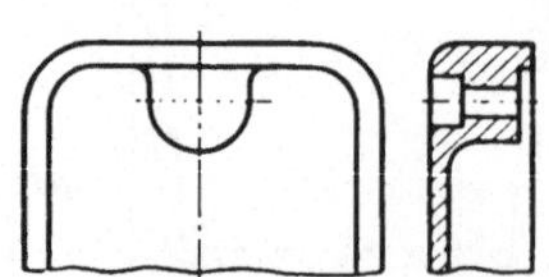

Abb. 62. Hohle Auflageflächen erzeugen Bruchgefahr beim Festschrauben.

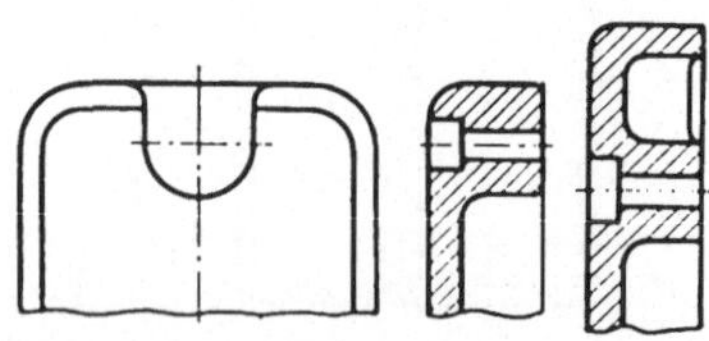

Abb. 63 u. 64. Unterteilte Auflagefläche ergibt einwandfreie Festigkeit.

Falsch: Richtig:

Unterschneidungen.

Regel: Stärkere Unterschneidungen preßtechnisch schwierig, kleinere Unterschneidungen mit Abschrägungen versehen.

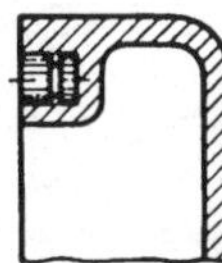

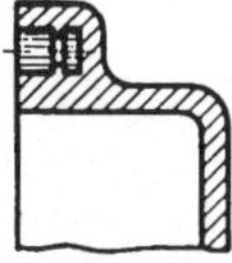

Abb. 65. Unterschneidung auf der Innenseite preßtechnisch sehr schwierig.

Abb. 66. Preßtechnisch einwandfreie Anordnung auf der Außenseite.

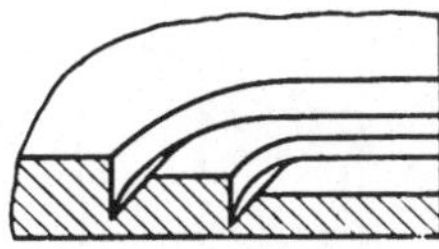

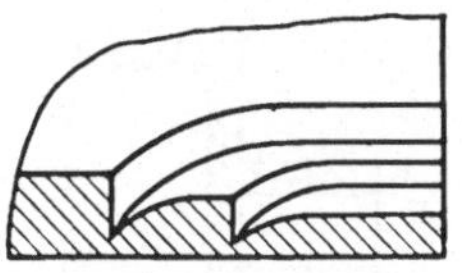

Abb. 67. Ausbrechbare Stellen mit scharfkantiger Einkerbung. Schwierig zu entformen.

Abb. 68. In Preßrichtung abgeflachte Einkerbungen ermöglichen Abstreifen der Preßteile ohne Beschädigung.

Ansätze mit Augen.

Regel: Vermeidung unnötig weit vorstehender Ansätze. Übergänge gut verbinden. Eingebaute Langlöcher verwenden.

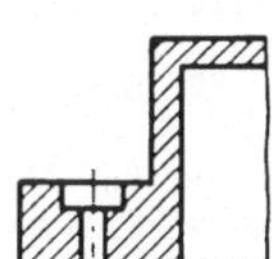

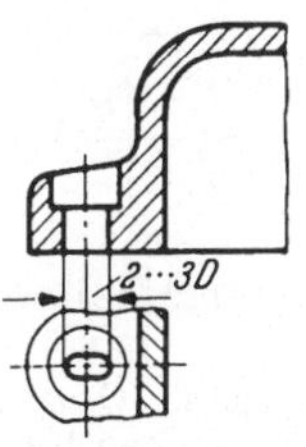

Abb. 69. Ansatz mit scharfen Übergängen bricht leicht ab.

Abb. 70. Kurzer Ansatz mit gerundeten Übergängen besitzt größere Festigkeit. Langlochansatz, in die Wand eingezogen, ergibt größte Festigkeiten und glatte Außenkonturen.

Bohrungen und Schlitze.

Regel: Bohrungen nicht zu nahe am Rand anbringen. Lochdurchmesser und Randbreite abstimmen. Lochabstände nach der Lochgröße richten. Wenn möglich, Randlöcher durch Einschnitte ersetzen.

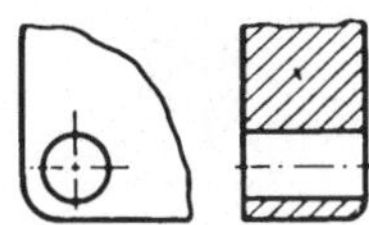

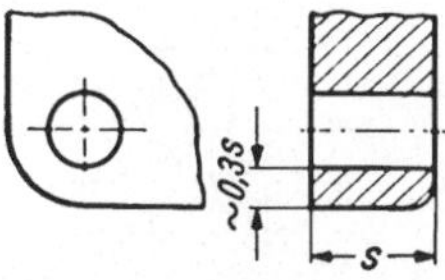

Abb. 71. Randabstand zu gering, Randbreite zu schmal.

Abb. 72. Randabstand mindestens gleich Lochdurchmesser. Randbreite mindestens 1/3 der Höhe.

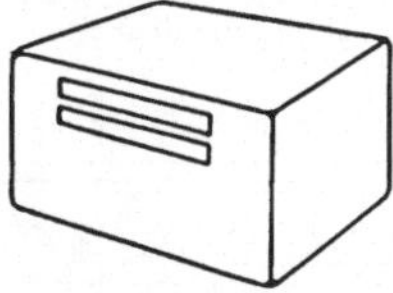

Abb. 73. Schlitze scharfkantig, Stegbreite geringer als Schlitzbreite.

Abb. 74. Schlitze gerundet, Stegbreiten gleich oder größer als Schlitzbreiten.

Falsch:
Richtig:

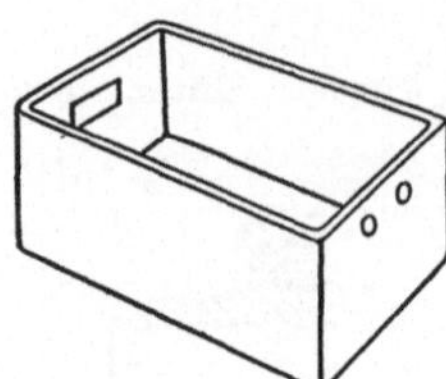

Abb. 75. Löcher nahe dem Rande ergeben schlechte Festigkeit der Preßmasse im Fließschatten.

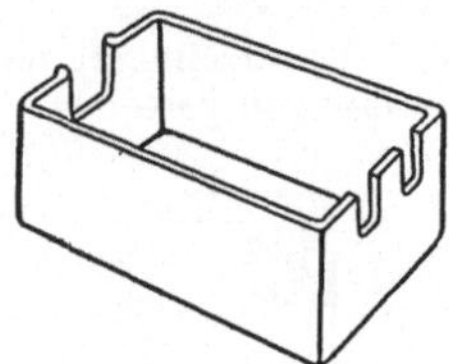

Abb. 76. Einschnitte an Stelle der Löcher ergeben gute Festigkeit bei gleichem Gebrauchswert.

Durchbruchstellen.

Regel: Erleichterung des Durchbruchs durch Einkerbungen.

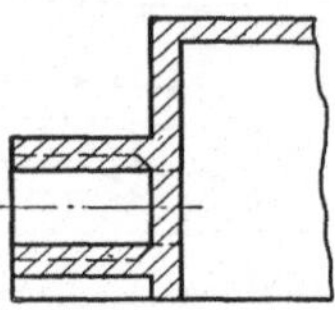

Abb. 77. Schwieriges Ausbrechen durch zu starke Wandung, Beschädigung der Umgebung.

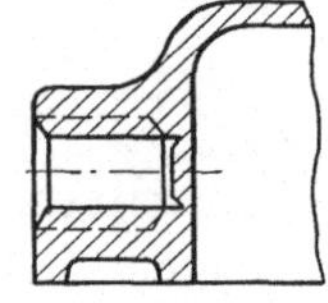

Abb. 78. Leichtes Ausbrechen an vorgeformter Stelle.

Rändelungen.

Regel: Kreuzrändel und Kordelrändel vermeiden.

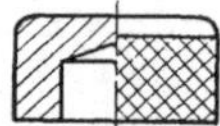

Abb. 79. Kreuzrändel erfordert mehrteilige Formen.

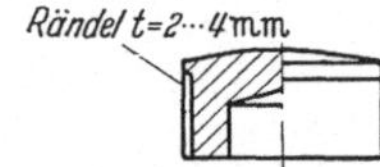

Abb. 80. Gerundete Rändelung mit grober Teilung gut zu entformen. Rändelung mit Oberkante gibt sauberen Abschluß.

Eingepreßte Metallteile.

Regel: Ausreichende Umhüllung mit Preßmasse vorsehen. Sicherung der Metallteile durch Profilierungen. Quer zur Preßrichtung liegende Metallteile vermeiden. Sicherungen gegen Verrutschen beim Pressen anbringen.

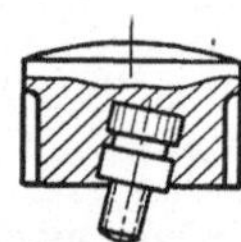

Abb. 81. Zu kurze Ansätze mit ungenügender Befestigung führen zu Schieflage.

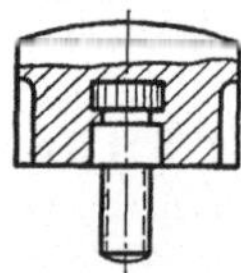

Abb. 82. Längere Gewindeansätze sichern richtige Lage.

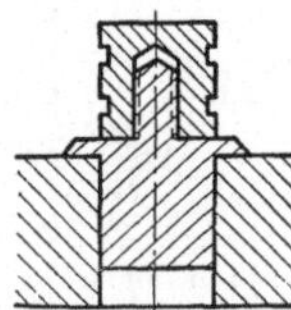

Abb. 83. Gewindeansatz auf glattem Stift wird leicht durch Preßmassen abgehoben.

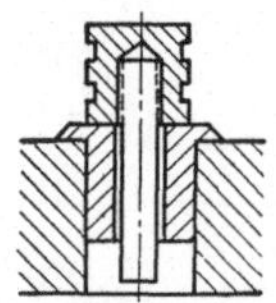

Abb. 84. Gewindeansatz auf durchgehendem Gewindestift bleibt in gewünschter Lage, Entformen und Einsetzen erleichtert.

Gewindeeinsatz in kurzem Kegel wird durch Preßmasse verklemmt.

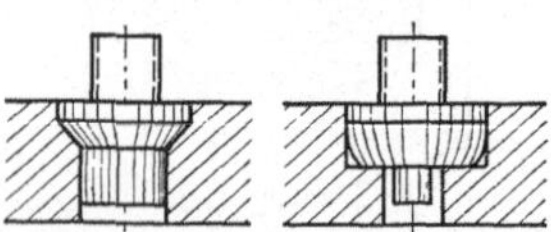

Abb. 85 u. 86. Tieferer Kegel mit Spielraum an der Unterkante und breitem Sitz ergibt sichere Lage.

Falsch:
Richtig:

Abb. 87. Metallteile zu nahe der Oberfläche drücken sich durch.

Abb. 88. Einbettung in Rippe ergibt bessere Sicherung

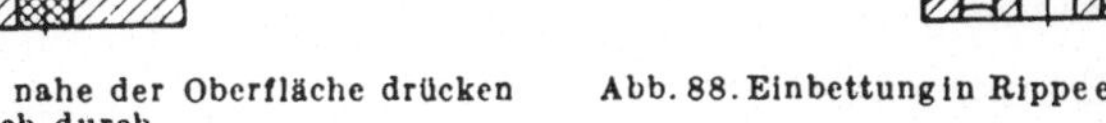

Abb. 89. Durchgehende Rändelung sichert ungenügend gegen Druck.

Abb. 90. Profilierte Rändelung sichert gegen Druck und Verdrehung.

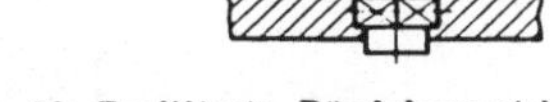

Abb. 91. Büchse nahe an einer Rippe preßtechnisch schwierig.

Abb. 92. Genügender Abstand zwischen Rippe und Büchse erleichtert das Einlegen und ergibt bessere Festigkeit.

Auswerfer.

Regel: Angriffstellen der Auswerfer nach der Stärke der Entformungswiderstände anordnen.

Abb. 93. Auswerfer in der Mitte des Schalenbodens drückt den Boden durch.

Abb. 94. Auswerfer unter ganzer Bodenfläche gibt einwandfreie Entformung.

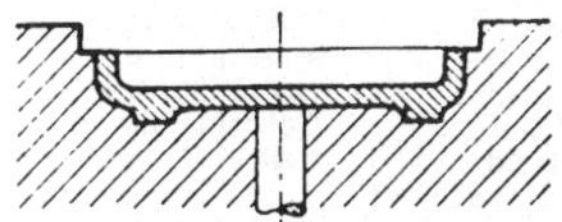

Abb. 95. Auswerfer neben einer Rippe verformen die Preßteilwandung.

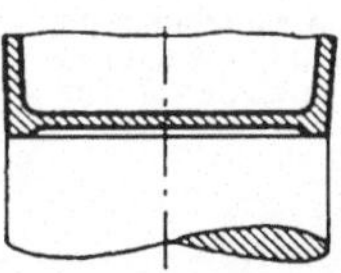

Abb. 96. Auswerfer unter den widerstandsfähigen Rippen ergeben sichere Entformung.

Verschleißwirkung.

Regel: Scharfe Kanten an Werkzeugrändern vermeiden.

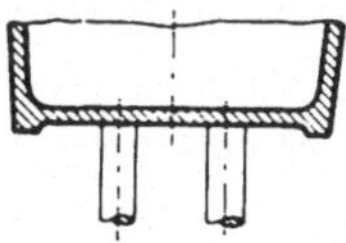

Abb. 97. Gefahr der Beschädigung von Stempel und Gesenk durch scharfe Kante.

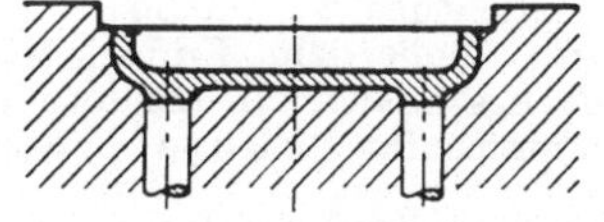

Abb. 98. Umgehung der scharfen Kanten durch Stufenanordnung.

Beschriftungen.

Regel: Erhabene Schrift billig und haltbar. Erhaben vertiefte Schrift mit leicht auswechselbaren Stempeln. Vertiefte Schrift erforderlich, wenn farbige Ausreibung gewünscht.

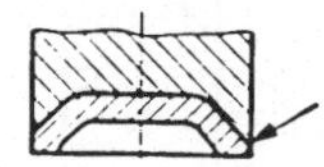

Abb. 99. Eckige Form ungünstig für auswechselbare Schriftstempel.

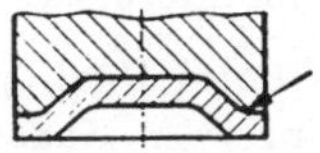

Abb. 100. Abgerundete Schriftstempel leicht einpaßbar in gefräste Löcher.

Gewinde in Preßteilen.

Regel: Rundgewinde preßtechnisch günstiger als metrische Gewinde. Preßbar sind Gewinde von M 2,6 an aufwärts. Nutzlänge von Gewindezapfen nicht unter zweifachem Kerndurchmesser wählen.

Wandstärke bei Kästen (Abb. 101).

Regel: Wandstärken bei schwerfließenden Preßmassen größer nehmen als bei leichtfließenden. Auch bei leichtfließenden Preßmassen sind Mindestwandstärken entsprechend der Kastengröße nicht zu unterschreiten.

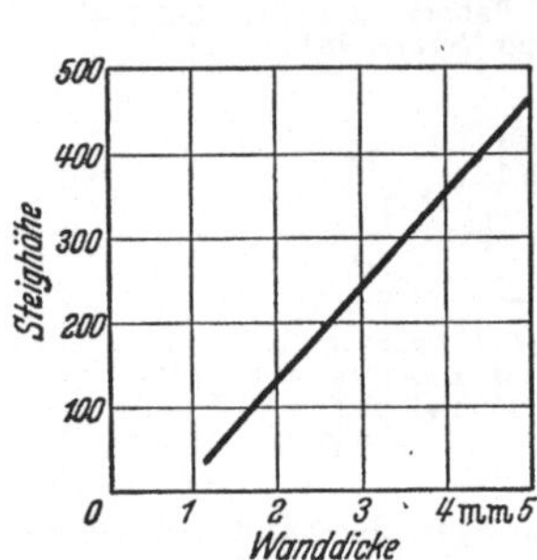

Abb. 101. Mindestwanddicken in mm für leichtfließende Phenolpreßmassen in Abhängigkeit von der Steighöhe in mm.

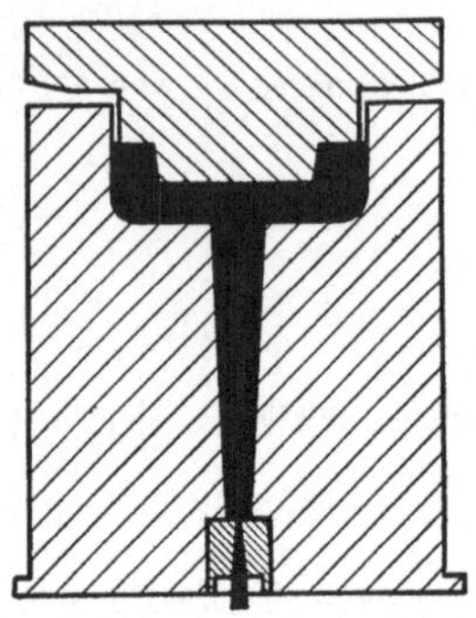

Abb. 102. Preßform mit tiefeingezogenem Profil. Am unteren Ende des Profils Gefahr von Lufteinschlüssen, Entlüftung durch kegelige Bohrung. Abdichtung durch in der Bohrung härtende Preßmassen. Beim Entformen reißt der Inhalt der Bohrung ab, beim erneuten Pressen wird der Kegelstift herausgedrückt.

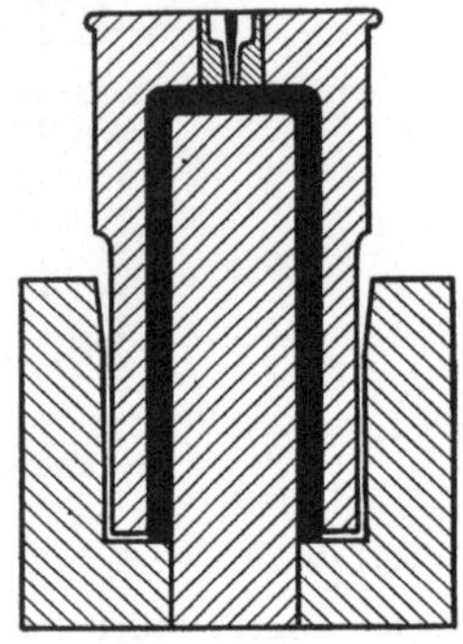

Abb. 103. Hülsenpreßform mit Gefahr von Lufteinschlüssen am oberen Ende. Entlüftung durch kegelige Bohrung im mittleren Einsatz beseitigt die Schwierigkeiten.

Entlüftung.

Regel: Eingeschlossene Luft im Preßteil bewirkt Brandstellen, Lockerstellen und Fehlstellen. Fließrichtung der Preßmasse von innen nach außen richten, damit die Luft verdrängt wird. Außerdem Einbau von Entlüftungskanälen an Endstellen und Zusammenflußstellen (Abb. 102 u. 103).

b) Preßspritzstücke. Für die Gestaltung von Preßspritzstücken gelten allgemein dieselben Grundregeln wie für Preßstücke. Wegen der Eigenart des Preßspritzverfahrens kommen jedoch noch einige besondere Regeln hinzu.

Spritzkanäle beim Preßspritzen.

Regeln: Die Länge der Kanäle so kurz wie möglich wählen. Der Durchmesser hat größeren Einfluß auf den Fließwiderstand als die Länge.
Strömungstechnisch günstiges Verhältnis von Durchmesser zu Länge wie 1 : 9.
Enge Spritzkanäle erfordern hohe Kolbendrucke.
Weite Spritzkanäle ergeben größeren Masseverbrauch.

Spritzdüsenweiten (Abb. 104).

Regeln: Enge Düsen erfordern hohe Drucke.
Enge Düsen ergeben stärkere Wärmeübertragung durch Kontakt und Reibung. Die Härtung wird infolgedessen beschleunigt.

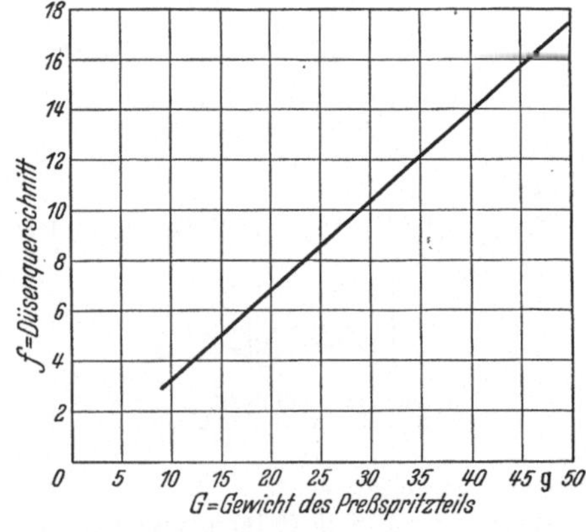

Abb. 104. Düsenquerschnitte abhängig vom Gewicht der Preßteile.

Näherungsformel für günstige Düsenweiten bei üblichen Preßteilen: $f = 0,35\,G$; f Düsenquerschnitt in mm²; G Gewicht des Preßteils in g.

Zu enge Düsen bewirken Fehlstellen und Lockerstellen infolge vorzeitiger Härtung und schlechter Verschmelzung.

Weite Düsen erlauben geringere Drucke, weite Düsen geben geringere Wärmeübertragung durch Kontakt und Reibung. Die Härtung wird dadurch verlangsamt.

Bei engen Düsen muß die Formtemperatur niedrig sein, bei weiten Düsen kann sie höher sein.

Weite Düsen ergeben größeren Masseverbrauch als enge Düsen.

Weite Düsen ergeben stärkere Druckübertragung auf die Form als enge Düsen.

Anordnung der Düsen am Spritzteil.

Regeln: Zweckmäßigste Ansatzstelle in der Mitte des Preßlings oder an der stärksten Stelle des Preßlings. Wenn möglich nur eine Düse verwenden.

Einseitige Düsenlage führt bei langgestreckten Preßteilen zu Verkrümmungen. Die Krümmung liegt in solchen Fällen konkav zur Düsenstelle (Abb. 105).

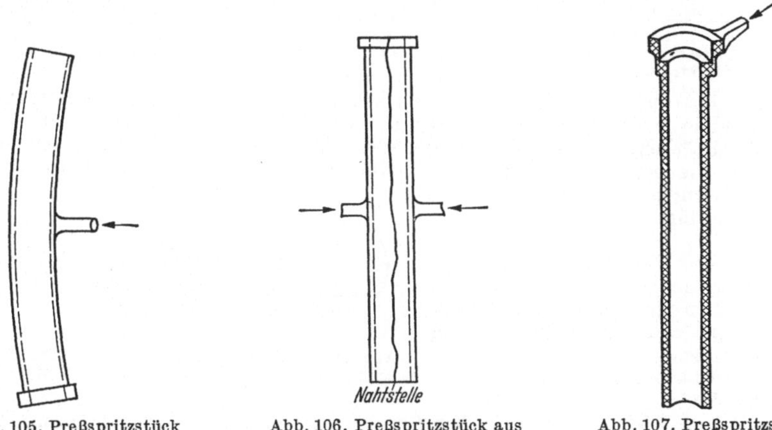

Abb. 105. Preßspritzstück mit einseitigem Anguß.   Abb. 106. Preßspritzstück aus zwei Düsen mit Bindenaht.   Abb. 107. Preßspritzstück aus Ringdüse.

Aufhebung von Verkrümmungen durch Verwendung von Gegendüsen möglich. Bei Gegendüsen entstehen im Preßteil Bindenähte mit Gefahr von Lockerstellen (Abb. 106). Hülsenförmige Preßteile mit seitlicher Düse unzweckmäßig, da Bindenähte schwach. Endständige Düsen oder Ringdüsen (Abb. 107) vermeiden Bindenähte.

Durch das Fließen der Preßmasse beim Spritzen entsteht eine Ausrichtung quer zur Strömungsrichtung (Abb. 108). Durch die Ausrichtung der Bestandteile entstehen Unterschiede in der Festigkeit längs und quer zur Strömungsrichtung.

c) Gestaltung von Strangpreßstücken. Vollprofile sind nach Möglichkeit zu vermeiden, da die Härtung in dem Innenteil dickerer Stränge gegenüber den Außenzonen zurückbleibt. Die Festigkeit von Rohrprofilen ist so hoch wie die von Vollstäben. Die Wandstärken von verwickelten Profilen sind möglichst gleichmäßig zu halten. Scharfe Ecken und Kanten sind abzurunden.

d) Gestaltung von Schichtpreßstücken.

Richtungseinflüsse. Abgesehen von der bei allen Schichtstofferzeugnissen vorhandenen verschiedenen Festigkeit parallel und senkrecht zur Schichtung bestehen noch weitere Möglichkeiten zur Entstehung richtungsabhängiger Festigkeiten (Beispiel Abb. 109):

Bahnrichtung bei Papieren.

Ketten- u. Schußrichtung u. -Stärke bei Geweben.

Wuchsrichtung bei Holzschichten.

Webart und Fadendrehung bei Geweben.

Stab- und Rohrformen. Bei Durchmessern bis zu 60 mm verwendet man vorteilhaft Zweibackenformen, von 60 mm an aufwärts kann man mit Dreibackenformen arbeiten, bei Durchmessern über 150 mm werden Mehrbackenformen verwendet.

Die Länge der Formen richtet sich nach dem Durchmesser. Es werden bis 120 mm Durchmesser noch Formen von 1000 mm, darüber hinaus solche von 600 mm verwendet. Die Dorne sind bei kleineren Durchmessern massiv, bei Durchmessern von 60 mm an aufwärts werden sie als Hohldorne mit Heizeinrichtung versehen. Zur Erleichterung der Entformung besitzen die Dorne Einschnürungen, um das Ausziehen auf der Dornausziehmaschine mit Schablonen zu ermöglichen.

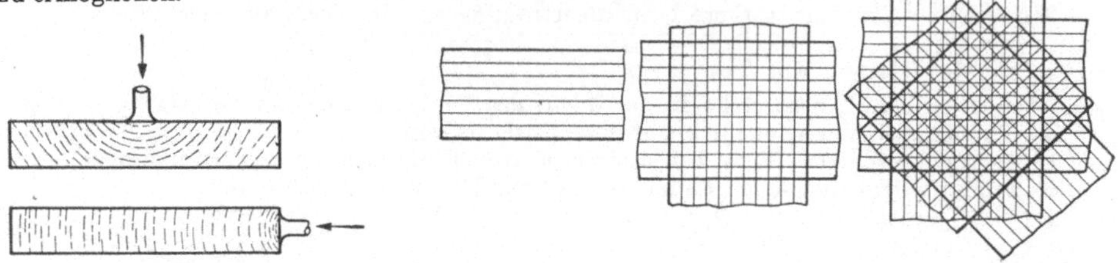

Abb. 108. Preßspritzstücke mit Ausrichtung der Preßstoffteilchen.

Abb. 109. Ausrichtungserscheinungen bei Preßschichtholz.

Zentrische Bohrungen in Rohren. Durch Wickeln lassen sich auch bei dickeren Wandstärken zentrisch liegende Bohrungen erzielen. Bei formgepreßten Rohren tritt jedoch, zumal bei dickeren Wandstärken, leicht eine Verschiebung der Mittenlage ein. Zu vermeiden sind daher Wandstärken, die größer sind als die Dorndurchmesser. Wo es möglich ist, sollte man anstelle dickwandiger Rohre entweder Vollstäbe oder dünnerwandige Rohre verwenden.

Wickelrohre. Die Wandstärke von Wickelrohren ergibt sich durch den Wickelvorgang auf dem ganzen Umfang gleich stark. Sie läßt sich durch Nachpressen nur wenig verschieben. Profile mit ungleichen Wandstärken sind daher zu vermeiden (Abb. 110).

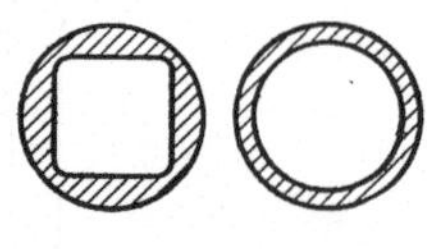

Abb. 110. Wickelrohre mit ungleicher Wandstärke.

Abb. 111. Flachovale Schichtstoffrohre.

Flache Rohre. Wickelrohre mit flachen Profilen müssen als nachgepreßte Rohre hergestellt werden, damit die gewickelten Schichten an den flachen Stellen binden (Abb. 111).

Längen und Querschnitte von Rohren. Das Wickeln dünnwandiger Rohrprofile ist in der Länge begrenzt durch die Natur der Schichtstoffbahnen. Folgende Durchmesser und Längen können noch wirtschaftlich hergestellt werden:

Durchmesser mm	2···4,5	5···30	30···100	über 100
Länge mm	300	500	1000	2000

Dicke Stäbe. Bei formgepreßten Stäben aus Hartpapier läßt sich in Durchmessern über 40 mm die Bildung von Rissen im Innern nicht ganz vermeiden. Dies liegt an der begrenzten Formbarkeit der Papierlagen. Bei Hartgewebe tritt die Erscheinung nicht ein.

e) Gestaltung von Belagstücken (Abb. 112). Die Eigenarten der Metalle und des Kunststoffes müssen berücksichtigt werden.

Dicke der Schichten. Die günstigsten Belagstärken liegen zwischen 2—5 mm. Die Dicke der Belagschicht ist beim Entwurf und beim Zusammenbau stets mit einzurechnen.

Dicke der Metallteile. Die Belagschichten sind nicht selbsttragend, daher muß das Metall genügend stark sein, um sie zu tragen. Bei bewegten Gegenständen (Ventilatoren, Zentrifugen, Kesselwagen) müssen die Metalle so stark sein, daß sie nicht flattern oder schwingen können. Es sind gleichmäßige Wandstärken anzustreben, da ungleichmäßige Dicken der Metalle Spannungen oder Risse erzeugen können.

Zugänglichkeit. Alle zu belegenden Oberflächen müssen für die Reinigung und das Aufbringen der Belegung der Beobachtung zugänglich sein. Rohrbogen sind zweckmäßig zu teilen.

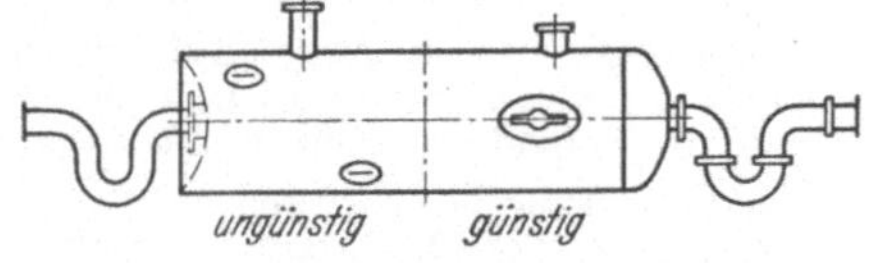

Abb. 112. Ungünstige und günstige Gestaltung von Belagstücken.

Ecken und Kanten. Scharfe Ecken und Kanten ergeben leicht Spannungen. Eingezogene Böden bei Gußstücken sind zu vermeiden. Schweißnähte der Bodenbleche bei geschweißten Kesseln möglichst neben die Kanten setzen. Kanten abrunden.

8. Toleranzen. Bei der Verarbeitung von hitzehärtbaren Preßstoffen unterscheidet man zwei Gruppen von Toleranzen: Preßtoleranzen und Bearbeitungstoleranzen.

Die *Preßtoleranzen* sind bei der spanlosen Verformung zu berücksichtigen, außerdem im Formenbau auch die sog. Schwindung der Preßmassen (Tabelle 13). Diese Maßabweichung entsteht durch den Unterschied zwischen dem abgekühlten Preßling und der heißen Form.

Aber auch bei voller Berücksichtigung des Schwindmaßes treten noch Maßabweichungen infolge verschiedener Ursachen auf, die sich nicht immer gleichmäßig auswirken. Sie bestehen aus Formbaufehlern, Abnutzung der Form, Fehlern in der Preßmasse, Fehlern im Preßverfahren.

Tabelle 13. *Schwindmaße von Preßmassen.*

Preßmasse	Schwindmaß in %
Phenol-Preß-Harz	0,8 · · · 1,0
Phenolharz-Mineralstoff	0,25 · · · 0,35
„ -Holzmehl	0,61 · · · 0,70
„ -Zellstoff	0,30 · · · 0,50
„ -Gewebeschnitzel .	0,40 · · · 0,60
Harnstoffharz-Zellstoff	0,50 · · · 0,60
Melaminharz-Zellstoff	0,80 · · · 1,0
„ -Asbestfasern . . .	0,50 · · · 0,60
„ -Holzmehl	0,60 · · · 0,80
„ -Gewebeschnitzel . .	0,30 · · · 0,50

Die Formbaufehler sind bei Mehrfachformen größer als bei Einfachformen. Die Formabnutzung ist bei mineralhaltigen und bei faserhaltigen Preßmassen größer als bei Holzmehlpreßmassen. Die Schwankungen im Schwindmaß sind bei Holzmehlpreßmassen größer als bei Mineral- und Faserpreßmassen. Die Preßfehler sind am größten bei faserhaltigen Preßmassen.

Die Gesamtwirkung der einzelnen Faktoren, deren Einfluß je nach den Umständen verschieden stark ist, macht die Höhe der Toleranz aus. So entstehen auch verschiedene Gesamttoleranzen.

Die Werte für die Preßtoleranzen sind für die genormten Preßmassen nach DIN 7710 festgelegt. Man unterscheidet drei Stufen: grobe, mittlere und feine Toleranzen. Mittlere Toleranzen können durch die übliche Formherstellung und Preßtechnik erreicht werden. Feintoleranzen haben den halben Wert der mittleren Toleranzen und erfordern besondere Nachbearbeitung. Grobe Toleranzen haben den doppelten Wert der mittleren Toleranzen und erfordern nur eine entsprechend vereinfachte Formgebung.

Für die Berechnung von Toleranzen für Preßstücke sind außer den genormten Angaben noch die besonderen Fälle zu berücksichtigen, welche in der Art des herzustellenden Gegenstandes liegen. Zu den allgemein gültigen Grundtoleranzen, welche lediglich abhängig sind von der Größe der Abmessungen, müssen Zuschläge hinzutreten, abhängig von der Art der Abmessungen. So ergibt sich mit $A =$ Maß am Preßstück in mm und $a =$ Zuschlag in mm die Toleranz in mm $T_A = 0{,}0028\,A + a$.

Die Höhe der Zuschläge (a) ist in verschiedener Weise abhängig von der Art der Abmessungen, vom Bau der Formen und von den verwendeten Preßmassen (Tabelle 14). In der Tabelle sind für 16 Fälle die anzuwendenden Zuschläge a zusammengestellt. Die Begründung für die Höhe der Zuschläge ist für die einzelnen Fälle verschieden.

Zu Fall 1: Durchmesserbearbeitung ist besonders genau durchführbar.
Zu Fall 2: Bei größeren Löchern kann Verziehen beim Härten der Form eintreten.
Zu Fall 3: Die Lage der Einsätze wird durch den notwendigen Spielraum zwischen Werkzeug und Einsätzen ungenau.
Zu Fall 4: Bei Herstellung nicht kreisrunder Profile treten größere Ungenauigkeiten ein.

Tabelle 14. *Berechnung von Toleranzen nach der Eigenart der Werkstücke und Preßmassen.*

Fall	Zuschläge zur Grundtoleranz 0,0028 A für verschiedene Fälle in mm				$\frac{a}{mm}$
1	Formgebundene Maße in ungefüllten Formen		Durchmesser		0,10
2		Mitten-abstände	Löcher	eingepreßt	0,20
3			Einsätze	eingesetzt	0,27
4			Andere Abstände		0,23
5	Nicht form-gebundene Maße	Harzträger	feinkörnig	Einzelformen	0,27
6				Mehrfachformen	0,40
7	Abhängig von Gratdicke		flockig	Einzelformen	0,40
8				Mehrfachformen	0,53
9	Preßflächen bis zu 150 cm²		geschnitzelt	Einzelformen	0,83
10				Mehrfachformen	1,17
11		Allgemeiner Zuschlag für je 50 cm² weitere Fläche			0,10
12	Abmessungen über die Teilzone hin-weg bei Spalt-formen oder geteilten Formen	Mittenlage und Aus-richtung von Achsen	Löcher		0,10
13			Einsatzteile		0,23
14		Wanddicken nicht in Preßrichtung			0,33
15		Andere Abstände			0,33
16	Verbiegen und Werfen ebener Flächen				0,17

Zu Fällen 5···11: Alle Abmessungen in Preßrichtung sind zusätzlich abhängig von der Dicke des Preßgrates. Die Dicke des Preßgrates ist abhängig von der Art der Preßmassen und der Art der Form. Mehrfachformen sind für Preßmassen mit groben Harzträgern ungünstig.

Zu Fall 12 u. 13: Die Abweichung der Achsen bei Bohrungen von der Mittellage ist etwa so wie bei Fall 1. Bei Einsätzen kommt die Ungenauigkeit aus dem Spielraum zwischen Werkzeug und Einsatz hinzu. Die Abweichung in der Richtung der Achsen ist auf die Länge der Achse zu berücksichtigen. Bei Einsätzen ist gleichfalls ein erhöhter Zuschlag notwendig. Beide Abweichungsarten können gleichzeitig vorkommen und sich addieren oder auch kompensieren.

Zu Fall 14: Wanddicken senkrecht zur Preßrichtung sind ungenauer infolge seitlicher Versetzung der Formteile.

Zu Fall 15: Der notwendige Spielraum bei beweglichen Formteilen ergibt größere Ungenauigkeiten.

Zu Fall 16: Bei größeren Flächen können nach dem Entformen Abweichungen von der gewollten Lage eintreten. Durch Benutzung von Einspannvorrichtungen bei Abkühlen der Preßteile kann den Abweichungen entgegengewirkt werden.

Bei *Schichtstoffen* sind nur die Toleranzen senkrecht zur Preßrichtung als Preßtoleranz anzusehen. Die durch Bearbeitung entstehenden Toleranzen für die Längenbegrenzung der Flächen sind als Bearbeitungstoleranzen aufzufassen. Die Dicke der Schichtstoffe ist abhängig von der Anzahl der übereinander liegenden Lagen von Schichtmaterial. Dadurch ergibt sich eine sprungweise Änderung der herstellbaren Dicken. Die Dickenstufen sind um so größer, je dicker die einzelnen Schichtstofflagen sind. Bei der Aufstellung der Dickentoleranz für Schichtstoffe aus Papieren und Geweben sind daher bestimmte Auswahldicken vorgesehen, deren Schwankungen verschieden hoch liegen müssen. Die Toleranzen für die Innendurchmesser von Rohren können so genau sein wie die der verwendeten Dorne.

Diese verschlechtern sich jedoch durch längeren Gebrauch, so daß hierfür ein größerer Spielraum bleiben muß.

Genormte Toleranzen gibt es für Hartpapier, Hartgewebe, Wickelrohre und Preßrohre und -stäbe (Tabelle 6, Seite 17).

Die Toleranzen beim *Strangpressen* sind bisher nicht genormt. Die Höhe der Werte ergibt sich aus der Eigenart des Strangpreßverfahrens. Zweckmäßig wendet man die Preßtoleranzen an, welche für den Fall 4 bzw. 16 beim Formpressen zu berücksichtigen sind (Tabelle 14). In vielen Fällen kommt man beim Strangpressen auch mit groben Toleranzen aus.

Gießtoleranzen: Bei der Formung von Gegenständen durch hitzehärtbare Gießharze ist die besonders starke Schwindung der Gießharze beim Härten zu berücksichtigen. Bei der Herstellung der Formen arbeitet man deshalb meist mit elastischem Material bzw. mit Weichmetall. Die Ungenauigkeiten bei der Formherstellung sind dadurch naturgemäß größer als bei Stahlformen. Im besten Falle können daher die Werte der sog. groben Toleranzen gültig sein. Feinere Toleranzen müssen in jedem Falle durch spangebende Nachbearbeitung erzielt werden.

9. Preßtechnische Erfahrungsregeln. Für eine rasche Unterrichtung bei auftretenden Zweifeln und Schwierigkeiten beim Pressen haben sich die nachfolgend zusammengestellten Erfahrungssätze als brauchbar erwiesen. Sie sind in zweifacher Weise geordnet wiedergegeben, enthalten aber im wesentlichen den gleichen Erfahrungsinhalt.

Regeln nach Begriffen geordnet.

Fließvermögen groß durch feinkörnige Harzträger, hohen Harzgehalt, richtige Vorwärmung, erlaubt geringen Preßdruck, — *gering* durch langfaserige Harzträger, geringen Harzgehalt, zu lange Vorwärmung, erfordert hohen Preßdruck.

Härtezeit kurz bei hoher Temperatur, kurzem Fließweg, hohem Harzgehalt, — *lang* bei niedriger Temperatur, langem Fließweg, geringem Harzgehalt.

Preßdruck niedrig bei großem Fließvermögen, feinkörnigem Harzträger, hohem Harzgehalt, — *hoch* bei geringem Fließvermögen, faserigem Harzträger, niedrigem Harzgehalt.

Temperatur hoch bei kleinen Preßteilen, dickwandigen Preßteilen, geringem Fließvermögen, — *niedrig* bei großen Preßteilen, dünnwandigen Preßteilen, großem Fließvermögen.

Massezusammensetzung: Hoher Harzgehalt bedingt kurze Härtezeit, großes Fließvermögen, niedrigen Preßdruck, — *geringer* Harzgehalt bedingt lange Härtezeit, kleines Fließvermögen, hohen Preßdruck, — *feinkörnige* Harzträger ergeben geringen Preßdruck, einheitliche Oberfläche, — *faserige* Harzträger ergeben hohen Preßdruck, unruhige Oberfläche.

Schwindung stärker bei hohem Harzgehalt, großem Fließvermögen, — *geringer* bei niedrigem Harzgehalt, kleinem Fließvermögen.

Loslassen gut bei ausreichender Härtezeit, ausreichender Temperatur, ausreichendem Druck, — *schlecht* bei ungenügender Härtung, feuchter Preßmasse, ungleicher Temperatur.

Regeln nach Preßfehlern geordnet.

Preßfehler	Ursachen	Abhilfen
blasige u. weiche Preß-Stücke	1. Preßmasse zu feucht	Preßmasse vortrocknen oder vorwärmen
	2. Preßzeit zu kurz	Stehzeit verlängern
	3. Temperatur zu niedrig	höhere Temperatur oder längere Stehzeit
blasige und harte Preßteile	1. Temperatur zu hoch, Zersetzung	niedrigere Temperatur
	2. eingeschlossene Luft	Form mit Austriebnuten versehen
	3. Form schließt zu schnell	langsamer schließen, lüften

Preßfehler	Ursachen	Abhilfen
Oberfläche matt	1. Preßmasse zu feucht	vortrocknen oder vorwärmen
	2. Härtung unvollständig	Temperatur steigern, Stehzeit verlängern
	3. Form zu stark gefettet	Einfetten unterlassen
	4. zu wenig Preßmasse	richtige Einwaage
Oberfläche fleckig und streifig	1. zu grobe Körnung	feinere Körnung nehmen
	2. feuchte Preßmasse	vorwärmen
	3. ungleiche Formtemperaturen	Heizung ausgleichen
	4. ungleicher Druck	Preßmasse vorwärmen
poröse aber harte Preßteile	1. zu wenig Masse	Einwaage berichtigen
	2. Preßmasseverlust beim Zufahren	Form langsamer schließen
	3. Preßmasse schwer fließend	Druck erhöhen
Rissige Preßteile	1. starke Schwindung	vorwärmen, vortrocknen
	2. ungleiche Formtemperaturen	Formheizung ausgleichen
	3. dicke Metalleinlagen	festere Preßmassen verwenden

B. Spangebende Formung.

1. Unterschiede gegenüber anderen Werkstoffen. Die hitzehärtbaren Preßstoffe kann man auf den für die Metall- und Holzbearbeitung gebräuchlichen Maschinen bearbeiten. Die anzuwendenden Werkzeuge und Geschwindigkeiten müssen jedoch der Eigenart des Werkstoffes angepaßt werden. Bei allen Preßstoffen ist insbesondere ihre größere Wärmeempfindlichkeit gegenüber den Metallen zu berücksichtigen. Sie ergibt sich einmal daraus, daß sich die organischen Werkstoffe bei höheren Temperaturen zersetzen bzw. verbrennen, dann aber auch aus der Tatsache, daß ihre Wärmeleitfähigkeit ganz erheblich kleiner ist als bei Metallen. Obgleich die Härte der Preßstoffe in vielen Fällen geringer ist als die von Metallen, soll man für die Bearbeitung Werkzeuge aus Hartmetall verwenden, weil die Kunststoffe eine große Verschleißwirkung auf die Werkzeuge ausüben. Die Nachbearbeitung von formgepreßten Gegenständen aus körnigen oder faserigen Preßstoffen soll nach Möglichkeit vermieden werden. Die Vorteile der spanlosen Formung müssen bei Preßmassen möglichst ausgenutzt werden, um die hohen Kosten für die Formen zu rechtfertigen. Die spangebende Bearbeitung beschränkt sich daher im wesentlichen auf solche Preßstoffe, welche wie die Schichtstoffe auf spanlosem Wege nur begrenzt formbar oder wie die Gießharze aus Formengründen nur mit groben Genauigkeiten herstellbar sind.

2. Das Schneiden mit Schlagschere ist nur bei Schichtpreßstoffen möglich. Der Scherwinkel der Schlagschere soll 1° betragen, der Keilwinkel des Ober- und Untermessers etwa 85°. Es lassen sich die für Metallbearbeitung üblichen Schlagscheren verwenden. Man kann Schichtstoffe bis zu 3 mm Stärke schneiden. Bei Platten über 1 mm Stärke ist zur Erzielung einwandfreier Schnitte ein vorheriges Erwärmen der Platten auf 90···120° C notwendig.

3. Schneiden mit Kreissäge kann man vor allen Dingen Schichtstoffe bis zu 20 mm Schichtdicke. Die Schnittgeschwindigkeit beträgt 2500···3500 m/min, der Sägeblatt-⌀ 300···400 mm, die Zahnteilung 5···8 mm, die Sägeblattstärke 2···5 mm. Für geringere Dicken verwendet man auch geringere Sägeblattstärken und engere

Zahnteilungen. Zähne ungeschränkt und hinterschliffen; Sägeblatt aus Schnellstahl, seitlich hohl geschliffen.

4. Schneiden mit Bandsäge: Schichtstoffe mit mehr als 20 mm Dicke. Schnittgeschwindigkeit 1500···2000 m/min, Zahnteilung 5···10 mm, Blattbreite 10···30 mm, Blattdicke 0,6···1 mm (je nach Treibraddurchmesser). Die Zähne bei geraden Schnittformen mittelstark geschränkt. Bei gekrümmten Schnittformen möglichst schmale Sägeblätter und starke Schränkung. Vorschub ohne starken Druck, aber möglichst mit gleichmäßiger Geschwindigkeit.

5. Schneiden mit Stanzwerkzeugen ist besonders für dünne Schichtstoffe geeignet: Einzelschnitte und Folgeschnitte. Vorteilhaft Werkzeuge mit Säulenführung. Der Abstreifer wird durch Federdruck betätigt und muß die Stempel möglichst eng umschließen. Das Stanzen kann für dünne Stärken bis zu 0,5 mm kalt ausgeführt werden. Für Platten größerer Stärken Vorwärmung auf 90···120°C erforderlich. Vorwärmen aber nur so lange, bis die Stanztemperatur erreicht ist. Der Stanzvorgang selbst soll spätestens eine halbe Minute nach Entnahme aus dem Vorwärmegerät beendet sein. Für beim Stanzen angewärmte Schichtstoffe sind wegen der Ausdehnung der Kunststoffe Zuschläge in Höhe von $+ 0,3\%$ zu den gewünschten Abmessungen zu machen. Die Stanzfähigkeit richtet sich nach der Schwierigkeit der Konturen einerseits und nach der Materialbeschaffenheit der Schichtstoffe andererseits. Es gibt besondere Stanzqualitäten in Hartpapier. Bei Hartgewebe ist die Stanzfähigkeit günstiger als bei gleich starkem Hartpapier. Allgemein hört die Stanzfähigkeit bei Stärken über 3 mm auf. Einer guten Stanzpraxis entspricht es, daß die Lochabstände und Kantenabstände der gestanzten Konturen nicht kleiner sind als die Dicke des Materials. Die Stanzgeschwindigkeit kann je nach Art der Werkzeuge bis zu 150 Hübe/min betragen. Die verwendeten Schichtstoffe werden meist in Streifenform vorgewärmt und fortlaufend in das Werkzeug eingeführt. Es gibt für besonders genaues Arbeiten auch regulierbare Vorschub- bzw. Zuführ- und Abführgeräte, welche aus der Praxis der Metallbearbeitung übernommen werden können. Der Vorschub wird bei Folgeschnitten auf einfache Weise durch Mitstanzen eines Kanteneinschnittes eingestellt.

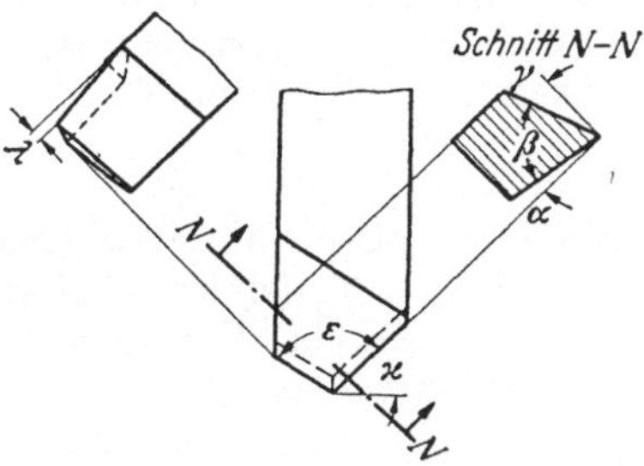

Abb. 113 Winkel an Schneidstählen (nach DIN 4951).
α Frei- (Rücken-) Winkel, β Keil-(Meißel-) Winkel, γ Span- (Brust-) Winkel, ϰ Einstellwinkel, ε Spitzenwinkel, λ Neigungswinkel.

6. Drehen mit Hartmetallschneiden zweckmäßig. Meißelgestalt am günstigsten mit den folgenden Werten (Abb. 113):

Freiwinkel . . . $\alpha =$	8···12°
Keilwinkel . . . $\beta =$	66°
Spanwinkel . . . $\gamma =$	8···12°
Einstellwinkel . . $\varkappa =$	45°
Spitzenwinkel . . $\varepsilon =$	90°
Neigungswinkel . $\lambda =$	0°
Spitzenabrundung $r =$	0,5···1 mm.
Schnitt-Tiefe	1 ···5 mm,
Vorschub bei	
trokenem Schnitt .	0,2···0,5 mm/Umdr.
Schnittgeschwindigkeit	
für Schichtstoffe . .	50···70 m/min,
für Formpreßstoffe .	50···250 m/min.

Die Erwärmung der Schneiden ist geringer als bei Metallverarbeitung. Die Abnutzung beruht vorwiegend auf dem Verschleißangriff der Werkstoffe, sie liegt höher als bei Stahl und Buntmetall und entspricht etwa derjenigen von Al-Si-Legierungen.

7. Fräsen. Werkzeuge mit Hartmetallschneiden sind bei hohen Stückzahlen wirtschaftlicher als Schnellstahl. Beim Fräsen von Schichtstoffen senkrecht zur Schichtung ist an der Auslaufseite eine Gegenlage zur Verhinderung des Abspaltens vorzuspannen. Werkzeuge stets gut geschärft halten, damit Erwärmung vermieden wird.

Freiwinkel 5···8°, Spanwinkel 5···10°, Vorschub 0,5—0,8 mm/Umdr.
Schnittgeschwindigkeiten: Schnellstahl 40··· 50 m/min Oberfräsen bis 1000 m/min
Hartmetall 100···200 „ Zahnfräsen 35 „

8. Stoßen und Hobeln. Werkzeuge mit Hartmetallschneiden sind vorteilhafter als aus Schnellstahl. Saubere Oberflächen sind nur mit gut geschärften Schneiden zu erzielen. Beim Hobeln von Schichtstoffen senkrecht zur Schicht ist an der Auslaufseite eine Gegenlage vorzuspannen. Schnittgeschwindigkeit bei Schnellstahl 10···20 m/min, bei Hartmetall 60 m/min, Vorschub 0,2···0,8 mm/Hub.

9. Bohren mit Hartmetallschneiden wirtschaftlicher als mit Schnellstahl. Zwecks guter Spanabfuhr große Steigungen und weite, gut polierte Nuten vorsehen. Bei tieferen Löchern muß der Bohrer häufiger gelüftet werden. Geschichtete Werkstoffe sind beim Bohren senkrecht zur Schichtung mit Gegenlagen zu versehen, um Ausbrechen zu vermeiden. Bohren von zwei Seiten verhindert gleichfalls das Ausbrechen der Kanten.

Beim Bohren von Schichtstoffen parallel zur Schichtung besteht Gefahr des Aufspaltens. Festes Einspannen des Werkstückes und häufiges Lüften des Bohrers wirkt dem entgegen. Die Bohrer sollen ein Übermaß von 0,05···0,1 mm über das gewünschte Maß des Bohrloches besitzen. Die gleiche Wirkung hat ein um den halben Betrag exzentrischer Spitzenschliff. Bei größeren Löchern verwendet man Zapfenbohrer oder Kreisschneider.

Spitzenwinkel 60°, Hinterschliffwinkel (Freiwinkel) 6···8°, Schnittgeschwindigkeit 40 bis 50 m/min bei Schnellstahl, 90···100 m/min bei Hartmetall, Vorschub 0,2—0,4 mm/Umdr.

10. Gewindeschneiden. Man verwendet dieselben Werkzeuge wie bei Metallen. Hartmetallschneiden sind wirtschaftlich. Schneidzapfen müssen etwa 0,08···0,1 mm größer sein als bei Metallbearbeitung, um der elastischen Eigenart der Werkstoffe Rechnung zu tragen. Für Löcher über 40 mm ⌀ sind zerlegbare Zapfen vorteilhaft. Schmierung mit Öl erleichtert das Schneiden. Außengewinde können auf der Drehbank geschnitten werden. Gut geschärfte Werkzeuge ergeben einwandfreie Gewinde. Schnittgeschwindigkeiten und Vorschübe wie bei sonstigen Dreharbeiten.

Auf Gewindeautomaten arbeitet man zweckmäßig nur mit Hartmetallwerkzeugen. Schmieren ist günstig. Schnittgeschwindigkeit 80···160 m/min, Vorschub 0,2···0,3 mm/Umdr.

11. Schleifen. Nur gut gehärtete Preßstoffe sind wirtschaftlich zu schleifen. Bei Anwendung von Karborundscheiben oder Sandsteinen muß naß geschliffen werden, um ein Zusetzen der Steine zu vermeiden. Spitzenloses Rundschleifen ist bei Hartgummi und Schichtpreßstoffen mit großer Genauigkeit möglich. Für Trockenschleifen verwendet man Bandschleifmaschinen oder Tellerscheiben.

Schleifgeschwindigkeit für

Bandschleifen 300···500 m/min, Tellerschleifen 1200···2000 m/min, Karborundsteine 1800 bis 2000 m/min.

12. Polieren. Vorpolieren zweckmäßig mit Nesselscheiben unter Zugabe von Polierpasten, Nachpolieren auf trockenen Flanellscheiben. Umfangsgeschwindigkeit 1500···2000 m/min.

C. Hitzeverformung gehärteter Kunststoffe.

Unter Hitzeverformung sind die Verfahren zu verstehen, mit denen man bereits ausgehärtete Preßstoffe nachträglich unter Erwärmung verformt. Geeignet für solche Verfahren sind nur solche Stoffe, welche hinreichend elastisch und formbar sind. Mit Erfolg verwendet man daher nur Schichtstoffe auf Grundlage von Phenolharz, Polyesterharzen mit Papier und Gewebe. Eine Sonderstellung nimmt die Nachverformung von Hartgummiteilen ein.

1. Biegen und Ziehen wird in 4 Stufen durchgeführt: Zuschneiden, Vorheizen, Formen und Abkühlen.

Das *Zuschneiden* kann durch Sägen oder durch Stanzen erfolgen.

Das *Vorheizen* muß die Schichtstoffe soweit erweichen, daß sie sich ohne zu brechen verformen lassen. Bei Phenolharz-Schichtstoffen arbeitet man mit Temperaturen zwischen 125 und 175° C. Man muß möglichst schnell erhitzen, da bei den hohen Temperaturen mit einer Nachhärtung zu rechnen ist. Zur Wärmeübertragung benutzt man Flüssigkeitsbäder (Öl oder Metall) mit Temperaturen zwischen 175 und 260° C. Man kann auch Infrarot-Lampen benutzen. Jedoch müssen die Platten zwischen je zwei Lampenreihen hindurch bewegt werden, um eine gleichmäßige Verteilung der Strahlungswärme zu gewährleisten. Wärmeübertragung durch Heizplatten ist nicht vorteilhaft, da meist einseitig und ungleichmäßig. Erwärmung durch Heißluft kann mit Temperaturen bis zu 260° C durchgeführt werden. Man benötigt in Heißluft für Schichtstoffe von 1,5 mm Dicke etwa 45 sec. Die Wärme muß solange wirken, daß auch das Innere der Schichtstoffe durchgewärmt wird.

Die *Verformung*, auf schnellwirkenden, meist mit Preßluft betriebenen Pressen, soll innerhalb einer halben Minute nach Entnahme aus dem Vorwärmgerät durchgeführt sein. Die Formen sind aus Hartholz oder Metall.

Die geformten Gegenstände müssen solange *abkühlen*, bis sie genügend steif sind, um die gewünschte Form zu behalten. Hierdurch wird die Geschwindigkeit des ganzen Vorganges maßgebend bestimmt. Für 1,5 mm starke Schichtstoffe benötigt man etwa $1 \cdots 1\frac{1}{2}$ min Kühlzeit Die Verformbarkeit der verschiedenen Schichtstoffe hängt ab von ihrem Aufbau. Am besten geeignet sind gewebehaltige Schichtstoffe, die sich auch in begrenztem Umfange tiefziehen lassen. Papierhaltige Schichtstoffe lassen sich nur biegend verformen, sind aber im Gebrauch fester. Glasfasermaterial ist wegen seiner geringen Dehnbarkeit nicht gut verformbar. Polyesterhaltige Schichtstoffe neigen dazu, sich wieder zurückzubiegen, da sie etwas thermoplastisch sind.

Die Hitzeverformung von *Hartgummi* ist besonders leicht durchführbar. Schon beim Erwärmen in kochendem Wasser, noch besser beim Erwärmen auf Heizplatten bis 140° C wird Hartgummi sehr elastisch und biegsam, etwa wie ein starrer Weichgummi. Die Verformung kann durch Abkühlen auf Zimmertemperatur eingefroren werden. Es handelt sich nicht um eine plastische Verformung, sondern um eine praktisch rein elastische Verformung. Sie ist bei Zimmertemperatur beständig. Beim Überschreiten der Einfriertemperatur, etwa $80 \cdots 90°$ C, wird die eingefrorene elastische Spannung wieder ausgelöst und die ursprüngliche Form wieder hergestellt.

2. Recken und Schrumpfen. Die Wärmeausdehnung der Kunststoffe ist im allgemeinen um mehrere Größenordnungen stärker als die von Metallen. Man benutzt diese Erscheinung, um Überzüge auf Metallen durch Aufschrumpfen von Preßstoffen zu erzeugen. Jedoch darf die Schrumpfung bei der Formgebung nicht so groß werden, daß sie die Zugfestigkeit des Materials überschreitet. Dies trifft insbesondere zu beim Pressen von flächenförmigen Gegenständen aus Preßstoffen, die nur wenig elastisch sind. Die Flächenbegrenzung beim Pressen von Hartpapierplatten findet durch den Schrumpfungsvorgang ihre Begründung. Bei Hartgummi wird die Schrumpfung von der Elastizität des Materials aufgefangen, wenn die Längenveränderung durch mechanische Mittel verhindert ist. Auf diese

Weise entsteht der Zustand der Reckung. Die Längenverminderung wird ausgelöst, wenn erneut die Temperatur gesteigert wird. Man macht hiervon Gebrauch beim sog. Quellgummi (Abb. 114). Mit Hilfe von Stiften aus gerecktem Hartgummi lassen sich Verbindungen erzielen, ohne zu schrauben oder zu nieten, allein durch Erwärmung.

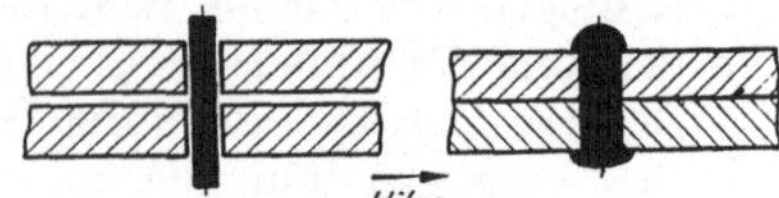

Abb. 114. Wirkung von Hartgummi als Quellgummi.

3. Heißprägen. Mit Hilfe erhitzter Stempel wird die Oberfläche der Preßstoffe eingedrückt und gleichzeitig eingefärbt, im Unterschiede vom Bedrucken. Prägen ist nur bei zähen Preßstoffen möglich, insbesondere bei Schichtpreßstoffen und Hartgummi.

Man verwendet die üblichen Prägepressen mit Rollstempeln, mit fester Unterlage unter den zu prägenden Flächen, die den Druck aufnimmt. Stempel tiefgraviert, gut gehärtet. Breite Druckflächen vermeiden. Große Buchstaben nach Möglichkeit nur mit Randkonturen prägen. Hitze der Prägestempel bis 250° C.

Eine Abart des Heißprägens ist das Einbrennen. Hierbei werden die Stempel noch etwas höher erhitzt und das Prägen erfolgt ohne gleichzeitiges Einfärben. Konturen beim Einbrennen etwas größer. Das Einbrennen eignet sich gut für Phenolpreßstoffe, es ist schwierig bei Melamin- und Harnstoff-Preßstoffen, undurchführbar bei mineralgefüllten Preßstoffen.

D. Verbindung mit gleichen oder anderen Stoffen.

1. Nageln und Schrauben. Kunststoffe können untereinander und mit anderen Werkstoffen mechanisch verbunden werden. *Nageln* ist nur bei Schichtstoffen bis 1 mm Dicke möglich. Zweckmäßig werden die Spitzen der Nägel abgeplattet, um das Einreißen der Platte zu vermeiden. *Nieten* ist in Stanz- und Bohrlöchern ohne Schwierigkeiten möglich. Man verwendet jedoch Nieten aus Weichmetall. Auch Drehbleche, welche nach dem Durchstecken verdreht werden, ergeben gute Verbindungen.

Schraubenverbindungen werden bei Preßteilen außerordentlich sicher hergestellt, wenn man entweder die Muttern oder die Schrauben einpreßt. Man kann auch direkt in die Preßstoffe Gewinde einpressen. Die Festigkeit dieser Gewinde hängt allerdings erheblich von der Zusammensetzung der Preßstoffe selbst ab. Die Gewindeform muß möglichst Rundgewinde sein, um Kerbwirkungen zu vermeiden. Die Anordnung der eingepreßten Gewindebolzen oder Muttern richtet sich nach den preßtechnischen Notwendigkeiten.

Der zweite Weg ist die Verwendung von *gewindeschneidenden* Schrauben. Diese werden in Bohrlöchern oder Stanzlöchern gebraucht. Man kann die üblichen Schrauben, welche auch für die Metallverarbeitung dienen, verwenden, z. B. Blechschrauben nach DIN 7507···7512.

Weiter kann man Spreizeinsätze verwenden, welche in die Bohrlöcher eingefügt werden und sich beim Eindrehen der Schrauben an der Lochwand verankern.

2. Kleben und Kitten. Bei hitzehärtbaren Preßstoffen kann wegen ihrer Unlöslichkeit ein Kleben durch Anlösen der Oberfläche mit Lösungsmitteln nicht durchgeführt werden. Wegen ihrer Unschmelzbarkeit kann man hitzegehärtete Preßstoffe auch nicht durch Schweißen miteinander verbinden. Wegen der Glätte der Preßhaut ist die Haftfestigkeit von üblichen Klebmitteln nur gering. Wenn trotzdem geklebt werden soll, so empfiehlt sich eine Vorbereitung der Oberfläche durch Abschleifen der Preßhaut und durch genaues Einpassen bzw. Anpassen der zu klebenden Flächen.

Bei vorübergehender Verklebung zwecks Bearbeitung von z. B. Hartgewebeteilen kann man mit üblichem Tischlerleim verleimen. Diese Verleimung kann durch Wasser wieder gelöst werden. Zum dauernden Verkleben verwendet man selbsthärtenden und vulkanisierenden Klebstoff aus der Gruppe der härtbaren Kautschukzemente oder auch aus der Gruppe der Polyurethane. Neben den selbsthärtenden Klebstoffen sind auch die schmelzbaren Polyaldenharze mit Erfolg verwendet worden. Das Verbinden von härtbaren Preßstoffen untereinander ist oft schwieriger als das Verbinden mit anderen Werkstoffen. Es ist jedoch durch bestimmte Verfahren möglich, schon während der Herstellung Verbindungen mit anderen Werkstoffen zu erzielen, insbesondere zwischen Phenolharzpreßstoffen und Weichgummi.

3. Drucken und Lackieren kann grundsätzlich mit denselben Maschinen durchgeführt werden wie für andere Werkstoffe. Eine Anpassung hat jedoch auf dem Gebiete der Druckfarben zu erfolgen. Das Einbrennen von Druckfarben bis 120° C ist zwar möglich, aber wegen der Einwirkung auf die Formfestigkeit der Preßstoffe zu vermeiden. Die Haftfestigkeit von Spezial-Druckfarben ist auch ohne Einbrennen in vielen Fällen ausreichend. Für besonders kratzfeste Oberflächen auf Schichtstoffen empfiehlt sich die Verwendung vor dem Pressen bedruckter Schichtstoffe, welche mit dem Kunstharz imprägniert wurden und durch Einpressen als Oberfläche erscheinen.

Eine weitere Technik ist die Verwendung von Abziehbildern zum Anbringen genau begrenzter und gut haftender Drucke, besonders dort, wo das unmittelbare Bedrucken nicht möglich ist. Eine Markierung auf der Oberfläche ist auch durch Sandblasen möglich, wenn man bestimmte Stellen mit Schablonen abdeckt. Auch das Eingravieren und Ausreiben mit Farbe bildet eine häufig angewandte Technik, um Bezeichnungen anzubringen. Mehrschichtige Platten, deren Schichten verschieden gefärbt sind, lassen sich hervorragend als Schilder verwenden, wenn man die obere Schicht soweit graviert, daß die anders gefärbte Unterschicht zutage tritt.

Das Lackieren von Preßstoffen kann mit Spritzlack üblicher Art erfolgen. Die Haftfestigkeit wird durch Nachtrocknen erheblich verbessert. Es empfiehlt sich jedoch, vor Anwendung von Lackierungen in jedem Falle eingehende Versuche mit den betreffenden Preßstoffen und den in Frage kommenden Lacken durchzuführen.

4. Metallisieren. Neben der Aufbringung von metallglänzenden Schichten durch Gravierungen, Prägen oder Spritzen kann man auch größere Flächen durch Einlegen von Metallstücken oder durch Einkleben von Metallfolien nach dem Pressen erzeugen. Bestimmte Metalle, wie z. B. Silber, Kupfer und Messing, sind mit Hartgummi nicht zusammenzubringen, da sie unter Schwefelwasserstoff schwarz werden. Die eigentliche Metallisierung gelingt nach den Verfahren: Chemischer Niederschlag, galvanischer Niederschlag und Vakuum-Niederschlag.

Der *chemische Niederschlag* geschieht aus Lösungen von Salzen der betreffenden Metalle, aus welchen durch Reduktionsmittel die Metalle ausgeschieden werden. Um einen gleichmäßig dichten und festhaftenden Niederschlag nach diesem Verfahren zu erzielen, muß die Oberfläche der betreffenden Kunststoffe sehr sorgfältig vorbereitet werden. Bei härtbaren Kunststoffen ist die Vorbereitung nur schlecht durchführbar, da man sie mit Lacken schlecht überziehen oder beizen kann. Außerdem stören unter Umständen gewisse Spuren von Formalin und Ammoniak.

Um *galvanische Metallschichten* auf den nicht leitfähigen Preßstoffen zu erzeugen, müssen die Oberflächen zunächst mit einer leitfähigen Schicht überzogen werden. Dies geschieht durch Aufbringen von Graphit oder Leitsilber. Die Leitfähigkeit dieser Schicht ist verhältnismäßig gering. Man darf daher keine sehr hohen Anfangsströme verwenden. Weiterhin sind heiße Bäder nicht zweckmäßig, weil die thermische Ausdehnung der Kunststoffe zu Veränderungen in den Metallschichten führt.

Das Aufbringen von *Vakuum-Niederschlag* erfolgt in Vakuum-Kammern entweder durch Verdampfung oder durch Kathoden-Zerstäubung. Die Oberflächen der Preßstoffe müssen von Fett- und Wachsschichten durch Abpolieren gereinigt werden. Dünne Metallschichten von weniger als 0,02 mm haben keinen festen Zusammenhang und bewegen sich bei Wärmeausdehnung noch mit den Kunststoffen zusammen. Bei Schichten über 0,07 mm bewegt sich die Metallschicht bereits unabhängig. Zur Verankerung der Metallschichten legt man sie zweckmäßig um Kurven und Hinterschneidungen herum. Zwecks allseitigem Überzug werden die Gegenstände auch auf Drehtischen bewegt. Scharfe Ecken und Kanten sind schwierig zu überziehen und daher nach Möglichkeit gut zu verrunden.

III. Anwendungsgebiete.

Bevor eine Entscheidung über den Einsatz von Preßstoffen getroffen wird, muß Klarheit herrschen über drei wesentliche Gebiete:

a) geforderte Eigenschaften für den Gebrauch des Gegenstandes,

b) erzielbare Eigenschaften des verwendeten Preßstoffes und

c) Verarbeitungsweg des Preßstoffes.

Zu diesen drei Gebieten kommen noch die wirtschaftlichen Überlegungen hinzu, welche sich aus den Kosten des Materials, aus den Verarbeitungseigenschaften, dem Anschlußanteil und der in Frage kommenden Stückzahl ergeben. Für die ver-

Elektrobauteile	Geforderte Eigenschaften									Verfügbare Preßstoffe								Mögliche Verfahren			
	Dielektr. Verluste	Oberflächenwiderstand	Spannungsfestigkeit	Wasseraufnahme	Kriechwegfestigkeit	Mechanische Festigkeit	Hitzefestigkeit	Säurefestigkeit	Ölfestigkeit	Phenol-Holzmehl	Phenol-Asbest	Phenol-Zellstoff	Phenol-Gewebeschnitzel	Melaminpreßmassen	Hartpapier	Hartgewebe	Hartgummi	Pressen	Preßspritzen	Vulkanisieren	Bearbeiten
Lampenfassungen		●	●		●					●								●			
Zählergehäuse		●	●		●					●								●			
Schalterkappen		●	●		●					●								●			
Spulenkörper		●	●		●								●					●	●		
Zündverteiler	●	●	●	●	●					●								●	●		
Schaltgeräteteile		●		●	●	●				●								●	●		
Heizgerätestecker			●		●	●				●								●	●		
Akkukästen				●												●		●		●	
Trafostützen					●			●							●						●
Hochspannungsschalter	●	●	●		●			●						●							●
Telefongehäuse		●	●		●		●							●				●			
Klinkenstreifen		●	●		●	●										●				●	●
Automatenämter	●	●	●												●			●			
Ölschalterkästen	●	●		●		●		●			●							●			
Schalthebel		●		●		●											●	●			

Abb. 115. Rahmen für Elektrobauteile.

schiedenen Anwendungsgebiete liegen so viele verschiedene Aufgaben für die einzusetzenden Preßstoffe vor, daß man die Bearbeitung nach den Gebieten getrennt behandeln muß. Es kommt für die Technik darauf an, unter den verschiedenen Möglichkeiten die günstigste herauszufinden. Dazu sind für jedes der beschriebenen Anwendungsgebiete nach dem gleichen Rahmen die Beziehungen zwischen geforderten Eigenschaften, verfügbaren Preßstoffen und möglichen Herstellverfahren für eine Anzahl ausgewählter Gegenstände dargestellt. Diese Rahmendarstellungen können nicht erschöpfend sein, sondern sollen anregend wirken für weitere Über-legungen in der gleichen Richtung.

1. Elektrotechnik. Die Verwendung der Preßstoffe umfaßt hier alle Arten der hitzehärtbaren Kunststoffe, dank ihrer Eigenschaft als Isolierstoff. Für die ver-

Radio-Industrie

	Geforderte Eigenschaften									Verfügbare Preßstoffe					Mögliche Verfahren		
	Dielektr. Verlust	Oberflächenwiderstand	Spannungsfestigkeit	Wasseraufnahme	Wärmefestigkeit	Kriechwegfestigkeit	Glanz	Genauigkeit	Mechanische Festigkeit	Phenolpreßmassen	Harnstoffpreßmassen	Melaminpreßmassen	Hartpapier	Hartgewebe	Pressen	Preßspritzen	Bearbeiten
Empfängergehäuse		●			●			●	●	●			●				
Drehknöpfe		●				●	●		●	●					●	●	
Röhrensockel	●	●	●	●	●	●		●	●	●					●	●	
Spulenkörper	●	●	●	●	●	●		●		●		●	●		●	●	
Schalterkörper	●	●	●	●		●		●					●				●
Kondensatoren	●	●	●	●	●								●				●
Röhrenhalterung	●	●	●		●	●		●				●			●	●	
Lautsprechergehäuse						●		●	●				●				
Frontgitter						●		●	●	●					●	●	
Schaltleisten	●	●	●	●				●	●				●	●	●	●	●
Drehskalen						●	●	●	●						●	●	
Netzstecker		●		●				●	●				●				
Grundplatten	●	●	●	●					●			●				●	

Abb. 116. Rahmen für Radio-Industrie.

schiedenen Gegenstände werden daneben noch die übrigen wertvollen Eigen-schaften verlangt. Neben den allgemeinen elektrotechnischen Bauteilen (Abb. 115)

Maschinenbau

	Geforderte Eigenschaften									Verfügbare Preßstoffe						Mögliche Verfahren		
	Schlagfestigkeit	Biegefestigkeit	Druckfestigkeit	Wasserfestigkeit	Gleitfähigkeit	Maßhaltigkeit	Dämpfungsvermögen	Wärmefestigkeit	Ölfestigkeit	Phenolgießharze	Phenolpreßmassen	Hartgewebe	Hartpapier	Hartgummi	Preßschichtholz	Pressen	Schichtpressen	Bearbeiten
Zahnräder	●	●	●		●	●	●		●		●		●			●	●	
Gleitlager	●	●	●	●	●	●	●	●	●		●		●			●	●	●
Keilriemenscheiben		●	●			●					●	●					●	●
Kupplungsstücke	●		●			●		●			●		●			●	●	
Bohrlehren		●				●		●			●					●	●	
Armaturengriffe	●		●	●			●	●			●		●			●		●
Weberschiffchen	●			●	●			●			●		●			●		●
Fadenführer	●			●	●			●			●					●		
Spulen	●	●	●			●		●	●		●					●	●	
Kugelkäfige		●		●		●		●			●					●	●	
Kolbenringe			●	●			●				●	●				●	●	●
Dichtungen			●	●			●	●			●	●				●	●	
Schleifscheiben	●			●				●	●		●							●

Abb. 117. Rahmen für Maschinenbau.

braucht die Radio-Industrie noch eine Reihe besonderer Bauteile, die deshalb auf einem zweiten Rahmen dargestellt sind (Abb. 116).

2. Maschinenbau. Hier wird die Anwendung der hitzehärtbaren Preßstoffe besonders durch die mechanischen Eigenschaften bestimmt (Abb. 117).

Die Zug- und Druckfestigkeit erreichen naturgemäß nicht die Höhe wie bei Metallen. Dafür steht die elastische Eigenart der Preßstoffe im Vordergrund. Die elastischen Verformungswege der Kunststoffe sind viel größer als diejenigen der Metalle. Dies ermöglicht die Verwendung von insbesondere Hartgewebe für Zahnräder und Gleitlager. Darüber hinaus werden auch sonstige Maschinenteile spanlos aus Preßstoffen hergestellt. Die gute Verbindungsmöglichkeit mit Metalleinsätzen führt zu Werkstücken, bei denen die Stellen stärkerer Beanspruchung aus Metall bestehen. Ein Vorzug der aus Preßstoffen hergestellten Maschinenteile ist ihre Unempfindlichkeit gegen Angriffe durch Gase und Flüssigkeiten (Korrosion). Bei Zahnrädern erzielt man infolge der dämpfenden Eigenschaften einen geräuschlosen Lauf, bei Lagern wird ein Festfressen durch trockene metallische Reibung, wie bei Metallagern möglich, vermieden.

Zur Herstellung von *Gleitlagern* sind Preßteile und bearbeitete Stücke aus Phenolharz-Gewebeschnitzeln bzw. Gewebebahnen, ferner auch Hartgewebe in Form von Platten und Rohren geeignet Für die Gestaltung und die Verwendung von Preßstoffgleitlagern gelten besondere Regeln, die von denen für Metall- und sonstige Lager abweichen. Man darf daher nicht ohne weiteres die bei Metallen bewährten Bauarten in Preßstoffen nachahmen. Besonders zu beachten ist die geringere Wärmeleitfähigkeit und die höhere Wärmeausdehnung der Preßstoffe. Hierzu tritt noch die Quellung durch Aufnahme von Schmierstoffen und Feuchtigkeit.

Wanddicke bei Büchsen 7···10% des Zapfendurchmessers, damit die zulässige Flächenpressung hoch genug liegen kann. Lagerspiel wegen der möglichen Quellung größer als bei Metallen: Richtwert 0,3···0,4% des Wellendurchmessers bei Öl- und Fettschmierung, 0,4···0,6% bei Wasser- oder Emulsionsschmierung. Schmiermittelzuführung hinreichend weit, weil die Schmiermittel gleichzeitig als Kühlmittel dienen müssen. Die Belastbarkeit hängt stark ab von der Art und Menge des zugeführten Schmiermittels, sowie von der Umfangsgeschwindigkeit.

<table>
<tr><td>

Tabelle 15. *Zulässige Flächenpressung bei Fettschmierung und guter Wärmeableitung.*

Flächenpressung kg/cm²	Umfangsgeschw. m/s
30	0,1
28	0,2
25	0,3
22	0,4
18	0,6
13	0,8
10	1,0
6	1,5
5	2,0

</td><td>

Tabelle 16. *Zulässige Flächenpressung bei kombinierter Wasser- und Fettschmierung.*

Flächenpressung kg/cm²	Umfangsgeschw. m/s
unter 35	0,5 ···20
35···100	0,75···15
100···280	1,25···12
über 280	bis 4

</td></tr>
</table>

Obere Grenze der Belastbarkeit für kürzere Dauer im Betrieb bei 300 kg/cm², für längere Dauer bei 100 kg/cm². Verschleiß fast ausschließlich auf der Seite des Preßstoffes, hängt besonders ab von der Bearbeitungsgüte der Oberfläche der *Welle*, die nach Möglichkeit *gehärtet* und *poliert* sein soll.

Bei geschichteten Lagerwerkstoffen ist die Schichtung senkrecht zur Welle empfindlicher gegen Druck, da sie aufspalten kann. Ausführungsformen von Preßstoff-Gleitlagern: 1- und 2-teilige Büchsen mit und ohne Bund, 2- und mehrteilige Lager mit und ohne Bund, Ringschmierlager und Segmentlager. Die Gestaltung der Lager unterliegt einigen wichtigen Regeln, die durch die von Metall abweichenden Eigenschaften der Preßstoffe begründet sind.

Auflage auf die Stützfläche stets mit der vollen Fläche des Lagers. Verbundgepreßte Lager günstig. Freidrehung weder im Lager noch im Stützkörper. Bei größeren Lagerlängen *Lauffläche* frei drehen oder in 2 Teilstücke zerlegen. Zwei kürzere Lager sind höher belastbar als ein längeres.

Einbautoleranzen: Buchsen werden eingedrückt, nicht eingeschlagen. Zugabe für Festsitz im Einpreßmaß zwischen 0,3···0,6% des Außendurchmessers mindestens 0,1 mm. Einpreßphase mit 15° an der Buchse gegen 45° am Gehäuse günstig. Geringe Verkleinerung des Innendurchmessers muß nachgeschabt werden.

Hartgewebe-Zahnräder werden in derselben Weise berechnet wie Metallzahnräder. Jedoch müssen die für Hartgewebe wichtigen Werte der Festigkeiten berücksichtigt werden ($\sigma_{b_{zul}} = 250 \ \mathrm{kg/cm^2}$).

Die *Zahnbreite* soll für mittlere Geschwindigkeiten $b = 10 \ \mathrm{m}$ (Modul) in cm sein. Bei kleineren Geschwindigkeiten geht man auch bis 6 m, bei größeren bis 14 m. Die *Zähne* des Hartgeweberades müssen stets etwas weniger breit sein als die der Gegenräder aus Metallen. Das Übersetzungsverhältnis ist bei *gleichmäßiger* Belastung in möglichst *einfachen Zahlen* zu wählen, damit stets dieselben Zähne zum Eingriff kommen und sich gut einlaufen. Bei *stoßweiser* Belastung wählt man möglichst unteilbare größere Zahlen, damit nicht immer die gleichen Zähne schwerer belastet werden. Für stoßweise Belastung ist schräge Verzahnung günstiger, als gerade, da sich hierbei infolge der besseren Überdeckung stets zwei Zähne in Eingriff befinden. Bei Kegelrädern in Geradzahn-Ausführung kann man Übersetzungen bis 1:6, in Schrägzahn-Ausführung bis 1:8 anwenden. Für die Nabendicke bei Hartgewebezahnrädern darf eine Mindeststärke von $2 \times$ Zahnhöhe zwischen Keilnut und Zahnfuß nicht unterschritten werden. Befestigung auf der Welle mittels Einlegekeil oder Tangentialkeil. Bei stoßweisem Betrieb sind Entlastungskeile vorzusehen. Auch kegelige Wellen sind anwendbar, weil sie durch Reibung eine gleichmäßige Kraftübertragung ergeben. Die Gewebestärke des Hartgewebes muß bei kleinen Zähnen feiner und bei groben Zähnen gröber gewählt werden.

3. Chemische Industrie, Gas, Wasser. Im Vordergrund stehen die chemischen Eigenschaften der Kunststoffe, insbesondere die Festigkeit gegen Wasser und organische Lösungsmittel. Daneben sind jedoch auch die elektrischen Eigenschaften als Isolierstoffe wichtig. Dank seiner hervorragenden chemischen Widerstands-

Wasser Gas Chemie	Geforderte Eigenschaften									Verfügbare Preßstoffe				Mögliche Verfahren			
	Wasserfestigkeit	Säurefestigkeit	Alkalifestigkeit	Wärmefestigkeit	Elektr. Isolierfähigkeit	Gasfestigkeit	Mech. Festigkeit	Haftfestigkeit	Formstabilität	Phenolpreßmassen	Melaminpreßmassen	Hartgummi	Phenolgießmassen	Kalthärten	Pressen	Belegen	Bearbeiten
Wassermesserteile	•			•		•		•		•				•		•	
Gasmessergehäuse	•				•	•		•	•	•							
Säurepumpen	•	•				•	•	•		•					•	•	
Säurekessel	•	•		•		•	•	•		•	•	•	•		•		
Rohrleitungen	•	•	•	•			•	•		•					•		
Säureventile	•	•	•				•	•		•					•		
Galvanisierhalter	•	•	•	•	•		•	•		•				•			
Filterkerzen	•		•			•		•		•			•				
Spinntöpfe	•	•				•		•		•							
Färbekufen	•	•	•				•	•		•					•		
Zentrifugen	•	•	•			•	•	•		•					•		
Beizbottiche	•	•	•	•			•	•		•					•		
Faßentleerer	•	•	•			•				•				•			
Waschmaschinen	•		•	•		•		•		•				•			

Abb. 118. Rahmen für Wasser, Gas, Chemie.

fähigkeit spielt der Hartgummi hier eine sehr große Rolle. Zum Unterschied gegenüber thermoplastischen Kunststoffen ist Hartgummi als Belagstoff formstabil auch bei höherer Temperatur. Seine Wasserfestigkeit ist ebenfalls unübertroffen (Abb. 118).

4. Bautechnik. Die mechanischen Festigkeitswerte und die Oberflächenbeschaffenheit stehen im Vordergrund. Für größere Teile ist der hohe Preis der

Kunststoffe ein schwer zu überwindendes Hindernis. Die Anwendung der spanlosen Formung schafft hier jedoch einen gewissen Ausgleich bei Massenfertigung (Abb. 119).

Bautechnik	Geforderte Eigenschaften									Verfügbare Preßstoffe							Mögliche Verfahren		
	Gefälliges Aussehen	Anstrichfähigkeit	Mech. Festigkeit	Leichtes Gewicht	Wärmehaltigkeit	Wasserfestigkeit	Nagelbarkeit	Wetterfestigkeit	Feuersicherheit	Phenolpreßmassen	Melaminpreßmassen	Phenolhartpapier	Harnstoffhartpapier	Melaminhartpapier	Preßschichtholz	Furnierungen	Pressen	Strangpressen	Schichtpressen
Fensterrahmen	●		●	●		●		●						●		●			
Türen	●	●	●	●										●	●				●
Vorhangleisten	●			●					●								●		
Wandbekleidung	●	●	●			●		●						●	●				●
Türdrücker	●		●	●				●								●			
Schilder		●		●		●		●										●	
Tischbeläge	●		●			●		●					●						●
Klosettsitze	●					●										●			
Beleuchtungsteile	●			●									●			●			●

Abb. 119. Rahmen für Bautechnik.

5. Haushalt und Gewerbe. Abgesehen von den zahlreichen elektrischen Geräten werden im Haushalt auch viele andere Gegenstände aus Duroplasten gebraucht. Für Eß- und Trinkgeräte spielt die Geruchlosigkeit und Kochfestigkeit sowie Seifen-

Haushalt-artikel	Geforderte Eigenschaften									Verfügbare Preßstoffe						Mögliche Verfahren			
	Glanz	Farbigkeit	Geruchlosigkeit	Kochfestigkeit	Schlagfestigkeit	Kratzfestigkeit	Seifenfestigkeit	Wärmefestigkeit	Wasserfestigkeit	Phenolpreßmassen	Harnstoffpreßmassen	Melaminpreßmassen	Phenolhartpapier	Melaminhartpapier	Phenolgießharz	Gießen	Pressen	Schichtpressen	Bearbeiten
Kühlschranktüren	●		●			●			●			●						●	●
Küchentischplatten	●	●	●		●	●	●		●			●						●	●
Waschmaschinenteile			●	●	●	●	●	●			●						●		
Eßgeschirre	●	●	●	●	●	●	●	●	●	●	●						●		
Safterzeuger	●	●	●	●	●			●		●	●						●		
Messergriffe	●	●			●	●		●					●		●				
Staubsaugerteile	●				●						●						●		
Möbelgriffe	●	●			●					●	●	●					●		
Möbelrollen				●	●			●			●						●		
Servierbretter	●	●			●	●	●					●						●	
Küchenwaagen	●				●			●	●		●	●					●		
Topfgriffe			●	●	●	●	●	●	●	●		●					●		

Abb. 120. Rahmen für Haushaltartikel.

festigkeit eine große Rolle. Auf diesem Gebiet sind die Melaminpreßstoffe zu einer großen Entwicklung berufen. Alle Kunststoffe zeichnen sich aus durch ihr blankes und gefälliges Aussehen, das nicht durch Rost beeinträchtigt wird (Abb. 120).

6. Gebrauchsartikel und Schmuck. Die Verdrängung von Naturstoffen durch Kunststoffe kommt nirgends so stark zum Ausdruck wie bei den Gegenständen des täglichen Gebrauches. Schon vor über 100 Jahren wurde der Hartgummi-Kamm erfunden und ist bis heute besser und billiger als die Naturstoffe geblieben, die nur in begrenzter Menge zugänglich sind, wie Elfenbein, Horn, Schildpatt, Bernstein, Knochen oder Edelhölzer, und auch bei anderen Gegenständen durch Kunststoffe

Spaltengruppen: **Geforderte Eigenschaften** (Glanz … Säurefestigkeit) — **Verfügbare Preßstoffe** (Hartgummi … Melaminpreßmassen) — **Mögliche Verfahren** (Pressen … Spangebend bearbeiten).

Gebrauchsartikel	Glanz	Farbigkeit	Elastizität	Körperverträglichkeit	Wasserfestigkeit	Kratzfestigkeit	Schlagfestigkeit	Seifenfestigkeit	Säurefestigkeit	Hartgummi	Phenolgießharz	Phenolpreßmassen	Harnstoffpreßmassen	Melaminpreßmassen	Pressen	Preßspritzen	Vulkanisieren	Gießen	Spangebend bearbeiten
Knöpfe	•	•		•		•					•		•	•					
Kämme	•		•	•	•	•			•					•		•			•
Pfeifenspitzen	•		•	•					•							•			
Seifendosen	•	•	•		•	•	•	•				•	•	•					
Rasiergeräte	•	•		•	•	•						•	•	•					
Feuerzeuge	•	•			•	•					•	•			•	•			
Kameragehäuse	•				•	•							•		•	•			
Füllhalterteile	•		•	•	•			•	•							•		•	
Billardkugeln	•	•	•										•				•	•	
Schachfiguren	•	•											•				•	•	
Klaviertasten	•	•			•								•		•			•	
Schmuckwaren	•	•		•									•					•	•

Abb. 121. Rahmen für Gebrauchsartikel.

ersetzt werden. Selbst die Metalle werden in wachsendem Umfange durch die korrosionsbeständigen Kunststoffe ersetzt. Als Schmuck haben sich die farbigen Gießharze gut eingeführt (Abb. 121).

7. Medizin und Hygiene. Die geforderten Eigenschaften liegen in erster Linie auf nicht elektrischen Gebieten. Die Kochfestigkeit für Zwecke des Sterilisierens ist bei den Melaminpreßstoffen besonders vorteilhaft. Hartgummi ist wegen seiner guten Körperverträglichkeit und Widerstandsfähigkeit gegen Fäulnis besonders geeignet zu Gegenständen der Hygiene (Abb. 122).

Spaltengruppen: **Geforderte Eigenschaften** (Körperverträglichkeit … Seifenfestigkeit) — **Verfügbare Preßstoffe** (Melaminpreßmassen … Hartgummi) — **Mögliche Verfahren** (Pressen … Bearbeiten).

Medizin-Hygiene	Körperverträglichkeit	Sterilisierbarkeit	Kochfestigkeit	Farbigkeit	Mechan. Festigkeit	Korrosionssicherheit	Seifenfestigkeit	Melaminpreßmassen	Hartpapier	Hartgewebe	Hartgummi	Pressen	Schichtpressen	Vulkanisieren	Bearbeiten
Spritzengriffe	•	•			•	•				•	•			•	
Duschenrohre	•	•			•	•				•	•			•	
Instrumentenkasten		•	•	•	•	•	•		•					•	
Fußeinlagen	•				•						•			•	•
Gliedprothesen	•			•						•	•			•	•
Zahnplatten	•	•		•	•	•					•			•	•

Abb. 122. Rahmen für Medizin und Hygiene.

Fäulnis besonders geeignet zu Gegenständen der Hygiene (Abb. 122).

IV. Prüfung und Erkennung.

Die Festigkeitseigenschaften der Duroplaste prüft man nach den allgemeinen Verfahren der Prüftechnik in den Prüflaboratorien. In der Werkstatt ist dagegen eine Prüfung der Verarbeitungseigenschaften und eine Prüfung des Verarbeitungszustandes notwendig.

1. Prüfung von Verarbeitungseigenschaften.

a) Die Schüttwichte ist von Bedeutung für die Beschickungsräume der Formen. Man bestimmt sie durch das nach DIN 53468 genormte Gerät (Abb. 123).

Der Becher wird hierbei mit dem geschütteten Inhalt auf einer Neigungswaage gewogen. Das Verfahren ist nur anwendbar bei rieselfähigen Preßmassen. Für faserhaltige Massen kann man nach einem abgeänderten Verfahren das sogenannte Stoffgewicht bestimmen. Aus der Schüttwichte der Preßmasse und der Wichte des Preßstoffes errechnet man den Volumenfaktor (S. 23).

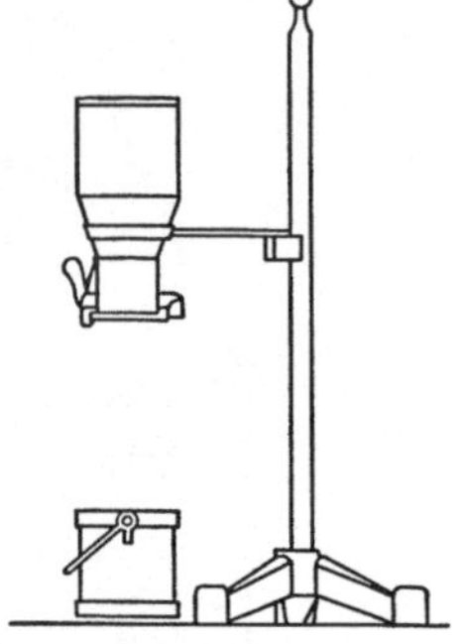

Abb. 123. Füllbecher und Schüttbecher zur Bestimmung der Schüttwichte.

b) Die Fließfähigkeit wird meistens praktisch durch Preßversuche geprüft. Eine allgemein eingeführte Methode mit zahlenmäßiger Ausdrucksform ist noch nicht vorhanden. Die Becherform nach DIN 53 465 (E) kann unter Beachtung bestimmter Prüfbedingungen mit Hilfe der Schließzeitbestimmung einen mittelbaren Ausdruck ergeben. Eine einfache Prüfung bildet das Auspressen einer gewogenen Menge Preßmasse zwischen polierten heißen Platten. Der Durchmesser und die Dicke der Fladen bilden ein brauchbares Maß für die Fließfähigkeit.

c) Die Härtegeschwindigkeit läßt sich nur an dem Härtezustand der Preßstoffe nach einer bestimmten Einwirkung von Temperatur und Zeit erkennen. Durch Messung dieses Zustandes ist aber noch kein Maß für die Geschwindigkeit des Härtevorganges während des Ablaufes der Verformung zu gewinnen. Die Beeinflussung der Fließfähigkeit durch die Härtung ist bei verschiedenen Temperaturen ungleich stark. Man prüft daher durch Pressen bei verschiedener Temperatur die Wirkung der Härtegeschwindigkeit und gewinnt dadurch einen weiteren Anhalt.

d) Die Feuchtigkeit in einer Preßmasse ist für ihre Verarbeitungseigenschaften sehr wichtig. Man prüft die Feuchtigkeit durch Trocknen gewogener Mengen bei 105° C. Zweckmäßig arbeitet man hierzu mit Halbautomaten, die den Trockenverlust im Trockenraum zu wägen gestatten. Bei längere Zeit gelagerten Preßmassen ist vor der Verarbeitung stets der Feuchtigkeitsgehalt zu prüfen.

2. Prüfung des Verarbeitungszustandes.

a) Der Aushärtungszustand eines Preßstoff-Gegenstandes kann auf einfachste Weise durch die Kochprobe geprüft werden. Ein gut gehärteter Gegenstand soll 30 min Kochen in destilliertem Wasser aushalten, ohne sich merklich zu verändern. Diese Prüfung ist sicherer als die praktische Beurteilung auf Grund der Formsteifigkeit des gepreßten Gegenstandes beim Entformen. Die Durchhärtung dickerer Preßstücke erfordert eine genügende Stehzeit, deren Bemessung durch Untersuchungen der Stücke festgestellt werden muß.

b) Der Verdichtungsgrad wird durch Bestimmung der Wichte an den Preßstücken gemessen. Die Wichte ist nur dann auf der erreichbaren Höhe, wenn durch Druck und Hitze eine gute Verdichtung erfolgt ist. Mangelnde Verdichtung hat starke Minderwerte in den mechanischen Eigenschaften zur Folge.

c) Die Gefügebeschaffenheit ist eine Grundlage für die Beurteilung der Wirkung von Formverfahren. Beim Fließen können Entmischungserscheinungen auftreten, die zur Bildung von Harznestern führen. Es können Verschiebungen in der Lage eingepreßter Metallteile vorkommen. Es können Lunker und Risse im Inneren auftreten. Diese Fehler lassen sich mit Hilfe von Röntgendurchleuchtung feststellen. Auch die Beobachtung von Fließmarken auf der Oberfläche gibt einen Anhalt für tiefer liegende Gefügefehler. Die Schichten und der Gefügebau lassen sich durch Anschleifen und Polieren von Querschnitten verfolgen.

3. Erkennung und Unterscheidung.

a) Verhalten gegen Lösungsmittel. Die Duroplaste sind von den Thermoplasten auf einfachste Weise durch ihre Unlöslichkeit in organischen Lösungsmitteln zu unterscheiden. Einige dieser Lösungsmittel vermögen zwar etwas zu quellen (z. B. Hartgummi in Benzol), nicht jedoch zu lösen.

b) Brennproben. Die Brennproben bilden ein Mittel, um zahlreiche Kunststoffe und Naturstoffe rasch voneinander zu unterscheiden und auch zu erkennen. Es gehört eine gute Nase dazu und etwas Erfahrung. Man kann sich jedoch durch Vergleich mit bekannten Stücken die Entscheidung sehr erleichtern. Eine kleine Sammlung solcher Stücke lohnt sich. Für die häufiger vorkommenden Kunststoffe sind die typischen Erkennungsmerkmale der Brennprobe in Tabelle 17 zusammengestellt:

Prüfung und Erkennung.

Tabelle 17. *Brennprobe von Kunststoffen.*

Kunststoff	Entflammbarkeit	Aussehen der Flamme	Materialveränderung	Geruch
1. Phenolharz-Preßstoff	schwer, löscht aus	gelb	Anschwellung, Risse	Karbolsäure, Ammoniak
2. Phenolharz-Hartpapier	mäßig, brennt weiter	gelb, rußig	Anschwellung, Risse	Karbolsäure, Papier
3. Harnstoff-harz-Preßstoff	schwierig, löscht aus	gelb mit grün-blauem Rand, weiße Asche	Anschwellung, Risse	eigenartig, wie Harnstoff und Ammoniak
4. Melamin-Preßstoff	schwierig, löscht aus	hellgelb	Anschwellung, Risse, weiße Ränder	eigenartig, ähn-lich wie Harn-stoff
5. Anilin-Harz	leicht, brennt weiter	gelb, Funken, Ruß	Erweichung, Schwellung	Anilin und For-maldehyd
6. Polyesterharz	leicht, brennt weiter	gelb-rot, starker Ruß	wird weich, Risse	Styrol und ver-branntes Fett
7. Hartgummi	leicht, brennt weiter	rot-gelb, starker Ruß, Funkenbildung	Schwellung, Verkohlung, Ölabsonderung	verbrannter Gummi
8. Kasein-Kunststoff	schwierig, löscht aus	gelb-grauer Rauch	Schwellung, Verkohlung	verbranntes Horn
9. Nylon-Kunststoff	schwierig, löscht aus	blau mit gelber Spitze	schmilzt, tropft ab	ähnlich wie ver-branntes Horn
10. Nitro-Zellulose	leicht, brennt weiter	gelb, sehr heiß	verbrennt voll-kommen und schnell	Rauch geruchlos
11. Azethylzellu-lose	mäßig, brennt weiter	dunkel-gelb, etwas Rauch	schmilzt, Tropfen brennen weiter	Essig
12. Polystyrol	leicht, brennt weiter	gelb-rot, dichter Ruß in Flocken	wird weich	Styrol
13. Polyvinyl-chlorid	sehr schwer, löscht aus	gelb, mit Kupfer-draht grün	wird weich	eigenartig, wie Chlor
14. Polyvinyl-azetat	leicht, brennt weiter	dunkel-gelb, Funken, Ruß in Flocken	wird weich	eigenartig, Essig und Styrol
15. Polyvinyl-carbacol	leicht, brennt weiter	gelb, starker Ruß	wird weich	eigenartig, aromatisch
16. Polyvinyl-alkohol	schwer, brennt weiter	gelb, rauchend	wird weich	schwach riechend, ähnlich Styrol
17. Teflon	nicht entflamm-bar	—	wenig erweichbar	fehlt
18. Polyacryl-ester	leicht, brennt weiter	gelb mit blauem Rand, schwarzer Rauch, Funken	wird weich, tropft nicht, verbrennt restlos	eigenartig, scharf aro-matisch
19. Silicone	sehr schwer, brennt nicht weiter	gelb, wenig Rauch	erweicht, weiße Asche	eigenartig, schwach
20. Polyaethylen	leicht, brennt weiter	unten blau, oben gelb	erweicht und tropft	wie Paraffin
21. Vulcanfiber	schwer, brennt weiter	gelb mit roten Rändern	Schwellung, spaltet in Schich-ten,	brennendes Heu
22. Schellack	leicht, brennt weiter	gelb-rot, blauer Rand, schwarzer Rauch	glimmt, wird weich	Siegellack
23. Pechmassen	leicht, brennt weiter	gelb-rot, starker Ruß	wird weich, Ölabsonderung	Teergeruch
24. Lignin-massen	mäßig, brennt weiter	dunkelgelb, schwarzer Rauch	Schwellung, Risse	verbranntes Holz